公共艺术设计（新一版）

吴卫光 主编
张健　刘佳婧　王浩 编著

上海人民美術出版社

图书在版编目（CIP）数据

公共艺术设计：新一版 / 张健，刘佳婧，王浩编著. — 上海：上海人民美术出版社，2020.1（2021.8重印）
ISBN 978-7-5586-1569-6

Ⅰ.①公… Ⅱ.①张… ②刘… ③王… Ⅲ.①建筑设计—环境设计 Ⅳ.①TU-856

中国版本图书馆CIP数据核字（2020）第016299号

公共艺术设计（新一版）

主　　编：吴卫光
编　　著：张　健　刘佳婧　王　浩
统　　筹：姚宏翔
责任编辑：丁　雯
流程编辑：孙　铭
版式设计：朱庆荧
技术编辑：史　湧
出版发行：上海人民美術出版社
（地址：上海长乐路672弄33号　邮编：200040）
印　　刷：上海丽佳制版印刷有限公司
开　　本：889×1194　1/16　9印张
版　　次：2020年4月第1版
印　　次：2021年8月第2次
书　　号：ISBN 978-7-5586-1569-6
定　　价：65.00元

序言

培养具有创新能力的应用型设计人才，是目前我国高等院校设计学科下属各专业人才培养的基本目标。一方面，这个基本目标，是由设计学的学科性质所决定的。设计学是一门综合性的学科，兼有人文学科、社会科学与自然科学的特点，涉及精神与物质两个方面的考虑。从“设计”这个词的语源来看，创新与应用是其题中应有之义。尤其在高科技和互联网已经深入到我们生活中每一个细节的今天，设计再也不是“纸上谈兵”，一切设计活动都与创造直接或间接的经济利益和物质财富紧密相关。另一方面，这个目标，也是新世纪以来高等设计专业教育所形成的一种新型的人才培养模式。在从“中国制造”向“中国创造”转型的今天，早已在全国各地高等院校生根开花的设计专业教育，已经做好了培养创新型人才的准备。

本套教材的编写，正是以培养创新型的应用人才为指导思想。

鉴此，本套教材极为强调对设计原理的系统解释。我们既重视对当今成功设计案例的批评与分析，更注重对设计史的研究，对以往的历史经验进行总结概括，在此基础上提炼出设计自身所具有的基本原则和规律，揭示具有普遍性、系统性和对设计实践具有切实指导意义的设计原理。其实，这已经是设计专业教育的共识了。本套教材希望将设计的基本原理、系统方法融汇到课程教学的各个环节，在此基础上，以原理解释来开发学生的设计思维，并且指导和检验学生在课程教学中所进行的一系列设计练习。

设计的历史表明，推动设计发展的动力，通常来自社会生活的需求和科学技术的进步，设计的创新建立在这两个起点之上。本套教材的另一个特点，便是引导学生认识到设计是对生活问题的解决，学会利用新的科学技术手段来解决社会生活中的问题。本套教材，希望培养起学生对生活的敏感意识，对生活的关注与研究兴趣，对新的科学技术的学习热情，对精神与物质两方面进行综合思考的自觉，最终真正将创新与应用落到实处。

本套教材的编写者，都是全国各高等设计院校长期从事设计专业的一线教师，我们在上述教学思想上达成共识，共同努力，力求形成一套较为完善的设计教学体系。

吴卫光

于 2016 年教师节

前言

常常有朋友和学生问起：什么是公共艺术？公共艺术专业要学些什么？学了公共艺术可以干什么？这些对于艺术院校其他专业可一言蔽之的问题却使我们时常感到无力与困惑，并敦促我们尝试通过近6年的公共艺术专业教学的实践与思考去回答这些问题。

在我国，公共艺术这个概念的提及出现在20世纪90年代。伴随着经济发展和城市建设，关于公共艺术的讨论和相关实践活动已经成为国内城市文化建设领域和艺术领域的重要话题。然而，由于公共艺术自身的复杂性，以及东西方社会在文化语境、城市发展和社会管理体系上的差异与特殊性，对于由“公共领域”、“市民社会”等西方社会理论衍生而来的公共艺术的相关概念至今仍然难以界定。但是，这一困境并没有影响国内公共艺术的兴起和蓬勃发展。北京奥运、上海世博等成功的公共艺术实践，王中、孙振华、翁剑青等学者的公共艺术理论研究，上海、北京、深圳等地公共艺术论坛的成功举办都预示着公共艺术“时代”的来临。

与此同时，国内部分高等艺术院校也敏锐地发现了这一趋势，中国美术学院、中央美术学院、广州美术学院、天津美术学院、复旦大学视觉艺术学院、上海大学美术学院、汕头大学长江艺术与设计学院等都相继设立了公共艺术专业，开展了公共艺术的教学与研究以及公共艺术人才的培养。教育部也在2008年批准增设了本科公共艺术专业，使公共艺术专业成为由国家从法律和学理上给予认可的新兴专业，为公共艺术专业的学科发展提供了一个更为广阔的空间。

广州美术学院雕塑系公共雕塑专业（原公共艺术专业）自2008年成立以来，依托广美雕塑专业优良的学术传承和深厚的专业积淀，通过对社会发展的人才需求，公共艺术与社会学、设计学等学科，以及与雕塑、建筑、景观等专业的学理学缘关系和国内外公共艺术发展趋势的研究，在公共艺术专业理论基础、能力构建、课程设置、教学方法等方面进行了深入的探索，初步建立了符合学科专业发展和人才培养需求的教学体系与模式。本书内容就是广州美术学院雕塑系公共雕塑专业三位骨干教师在公共艺术专业理论研究与教学实践过程中的思考与记录。

公共艺术是一个涉及多个专业领域的复杂概念。它既是一种艺术，但又远远超出了艺术与美学范畴。本书作为一本专业教材，无意涉及由于公共艺术概念的模糊而产生的理解认知上的理论纷争，而强调建立公共艺术概念和相关理论的整体认知逻辑与框架，掌握公共艺术设计的程序与路径，并进而建立公共艺术设计的方法论基础，为学生以后的专业学习与发展提供坚实的理论依托与能力支撑。

由于公共艺术设计涉猎的广度与深度，以及实际教学的需要，本书中涉及了公共艺术专业理论、设计与创作观念、设计与创作方法、教学实践等多个教学内容，可用于环艺、雕塑等专业的单一课程的基础性教学，但更适用于公共艺术专业的系列课程教学。但由于作者学识有限且时间仓促，书中难免有错误与纰漏，在一些观点和设计方法上也未能深入，留下诸多遗憾，敬请同行和读者批评指正！

目录 Contents

序言 003

前言 004

Chapter 1 公共艺术概念辨析

一、从“公共性”说起 008

二、公共艺术基本概念及多种阐释 014

三、公共艺术专业教育的发展 016

Chapter 2 公共艺术设计的理论准备

一、市民社会与公共领域理论 022

二、当代艺术理论 024

三、大众文化理论 028

四、空间设计理论 031

Chapter 3 公共艺术设计的类型与形式

一、建筑物装饰 036

二、公共雕塑 041

三、景观装置 048

四、公共设施 052

五、网络虚拟艺术 055

六、地景艺术 058

七、公共艺术活动 060

Chapter 4 公共艺术设计的观念与呈现

一、公共观念 066
二、场所精神 070
三、大众审美 072
四、城市文化 076

Chapter 5 公共艺术设计的程序与路径

一、场所调研与分析 081
二、文化研究 084
三、公共艺术设计策划 088
四、设计构思与表达 091
五、材料语言 094
六、设计展示与呈现 097

Chapter 6 公共艺术设计的教学实践

一、公共艺术设计思维与表达 102
二、空间设计基础 108
三、公共空间视觉文化研究 114
四、新媒介艺术实验 118
五、综合装置创作 123
六、城市公共空间艺术介入实验 132

后记 139
参考文献 140
“公共艺术设计”课程教学安排建议 143

Chapter 1

公共艺术概念辨析

一、从“公共性”说起 008
二、公共艺术基本概念及多种阐释 014
三、公共艺术专业教育的发展 016

学习目标

正确认识“公共性”概念在中西方文化背景下的内涵差异，建立对公共艺术概念和公共艺术学科发展的基本认知，明确公共艺术专业能力建构的基础与重点。

学习重点

1.“公共性”内涵的认知与理解。
2.“公共艺术”基本概念和多种阐释。
3. 公共艺术专业能力建构的 5 个部分。

一、从“公共性”说起

“公共性”作为公共艺术的核心价值，对其进行解读与认识是理解公共艺术概念的重要前提。

在我们这样的公有制国家，大多数人习惯地将“公共”的含义与表示权属的“共有”、表示服务对象的“公用”等联系起来，例如公共机构、公共场所、公共服务设施、公共建筑等等。这种对于“公共”一词的模糊认识和能指与所指之间关系的不确定，使我们对于“公共性”内核的认知与理解流于简单和空泛，也掩盖了“公共性”一词所传达的丰富的社会人文内涵。我们需要跳出公众的认知定势，探讨它在东西方文化背景下的语义演变与内涵差异，这样我们才能全面理解“公共性”的基本概念，从而对于公共艺术范畴的“公共性”含义获得更加清晰和准确的认知与理解。

1.“公共性”的语义辨析

在古代汉语中极少使用“公共”一词，与之具有语义联系的是可以单独成词的“公”字，并且往往与“私”作为成对范畴。“公”与“私”的概念最初在中西文化中都与人类生产生活资料的归属性质有关。“公”指“共有的、共同的”，

❶ 上海外滩公园，建于 1868 年。

❷ 上海人民广场与威尼斯圣马可广场
东西方城市广场在形成、管理、功能和使用上都存在极大差异，反映了对“公共性”认知与理解的差异。

小贴士

公园的故事

作为城市公共空间，公园承载着市民的公共生活，具有较强的公共属性。中国最早具有现代意义的公园在 1868 年出现在上海的租界，由租界当局“工部局”用税款兴建，名为“Public Garden”，中文译为“公共花园”。但对于在长期封建社会下具有“普天之下，莫非王土”观念的当时国人来说，公园是个全新的事物，以致公园开放不久就由于国人私拿花木、损坏设施而引发争端。租界工部局以此为借口禁止华人入内，引起了华人极大的愤怒，后才被迫同意发放入园执照，对部分“上层华人”开放（图 1）。这个故事反映出即使我们仿建了西方城市的公共空间或公共设施，但在一个文化与政治传统有着极度差异的环境中也无法获得与原初语境下的相同的公共性认知。

“私”则指“个人的、自己的”。《礼记 · 礼运》中“大道之行也，天下为公”的“公”具有“共有、共享”之意；《诗 · 小雅 · 大田》中“雨我公田，遂及我私”的“公”则指代“共同耕种”的意思。及至近现代汉语体系中的“公共”一词的“公”，仍具有“共同、共有、共用”之意，强调物质的权属性和使用特征。这与西方传统文化和当代公共艺术语境和认知下的“公共性”具有较明显的差异与不同。

在西方传统文化中，“公共（public）”与“私人（private）”也是以成对概念出现的。在古希腊时期，“公共（希腊语 pubes）”一词更多地意指希腊城邦自由民参与城邦共同体的一种生活状态，即公共政治生活。这种公共生活包含两种形式：一是“言语”，表现为交谈、辩论及诉讼等；另一种是“行动”，表现为竞争、竞技和战争。[1] 古希腊城邦公民通过这两种能力参与城邦公共事务，诸如参加公民大会、参与议事会和选举、参与法庭陪审并表达个人意见、参加体育竞赛等等，从而形成了一种以“公共性”为特征的城邦社会政治生活，也成为现代“公民社会”的雏形。也就是说，在西方文化语境中，把个体参与社会集体生活所形成的集体性观念、行为、生活状态、社会联系称为“公共”，而把个体的家庭生活、劳动、成员关系称为“私人”。总的来说，汉语文化中的“公”或“公共”的含义与西方的 public（公共）概念之间具有一些语义相同之处，但是它们之间的思想内核是完全不同的。因此，我们有必要通过西方社会“公共性（publicity）”概念的发展来考察其内涵的变化（图 2）。

2.“公共性”的内涵

那么，“公共性”的精神内核到底是什么？对于这个问题的追问将促使我们

1　汪晖、陈燕谷 / 主编，《文化与公共性》，三联书店，1998 年，第 89 页。

把视角指向社会学和政治学范畴的市民社会和公共领域。

市民社会概念源自西方，大体上可以分为古典市民社会、现代市民社会两个概念阶段。古典市民社会概念可以追溯至古希腊的城邦国家。亚里士多德在其《政治学》一书中首先提出了“Politike Koinonia”的概念，其在拉丁文中被译为“societas civilis”，后在英文中被译为“civil society”，即“市民社会”。[2]古典市民社会概念指的是政治共同体或城邦国家，是在野蛮状态下，与家庭、村落和部落为特征的自然社会共同体相对比的一种社会状态。城邦是一个由公民所组成的政治共同体，公民是城邦的主体，唯有城邦的建立，公民才具有公共的政治生活，进而形成市民社会，没有了城邦，也就没有了市民社会，这就是古典市民社会的基本概念。

现代市民社会则是指在西方君主专制制度消亡后，随着现代民主制度的建立和市场经济的良好发展，在社会结构中产生了一个由非政治的商业经济领域和私人家庭领域所构成的私人独立领域，市民社会则是在这个领域中由各自独立而又相互依赖的个体所组成的联合体。“在这个联合体中，作为特殊个体的社会成员彼此是相互独立的，每一个人都以自身的需求为目的。同时，社会成员彼此之间又是相互依存的，个人要达到自身的目的，又需要把其他社会成员作为中介与条件。”[3]而德国社会学家尤尔根·哈贝马斯（Jürgen Habermas）在研究18世纪资产阶级公共领域的时候，提出了资本主义市民社会的转型问题，他指出市民社会是随着资本主义市场经济的发展而形成的、独立于政治国家的私人自主领域。它本身又由两个部分构成：一是以资本主义私人占有制为基础的市场体系，包括劳动市场、资本市场和商品市场及其控制机制；二是由私人所组成的、独立于政治国家的公共领域，它是一个社会文化体系，“包括教会、文化团体和学会，还包括了独立的传媒、运动和娱乐协会、辩论俱乐部、市民论坛和市民协会，此外还包括职业团体、政治党派、工会和其他组织等”。[4]古典市民社会概念强调了市民社会与自然社会的分离，而现代市民社会概念则强调市民社会与政治社会（国家）的分离，从而形成了社会结构的分立和市民公共领域的产生。

现代市民社会形成以后，西方社会出现了社会结构分立的格局，形成了一种国家行政管理为公，市场和家庭领域为私的公私分明的社会，并形成了两类公共生活，即由政府行使行政管理职能的国家（政治）公共生活和由市民阶层以私人身份形成的一种非政治的公共生活，后者就是哈贝马斯所归纳的市民公共领域。“所谓公共领域，首先是指我们社会生活的一个领域，像公共意见这样的事物能够在这个领域中形成，它原则上是向所有公民开放的。公共领域的一部分由各种对话构成，在这些对话中，作为私人的人们来到一起，从而形成

2　李佃来，《公共领域与生活世界——哈贝马斯市民社会理论研究》，人民出版社，2006年，第19页。
3　李佃来，《公共领域与生活世界——哈贝马斯市民社会理论研究》，人民出版社，2006年，第43页。
4　〔德〕哈贝马斯/著，曹卫东/译，《公共领域的结构转型》，学林出版社，1999年，第29页。

❸ 鼓励市民参加关于《倾斜之弧》作品听证会的宣传广告。

❹《倾斜之弧》，美国现代主义雕塑家理查德·塞拉（Richard Serra）。

❺ 理查德·塞拉。

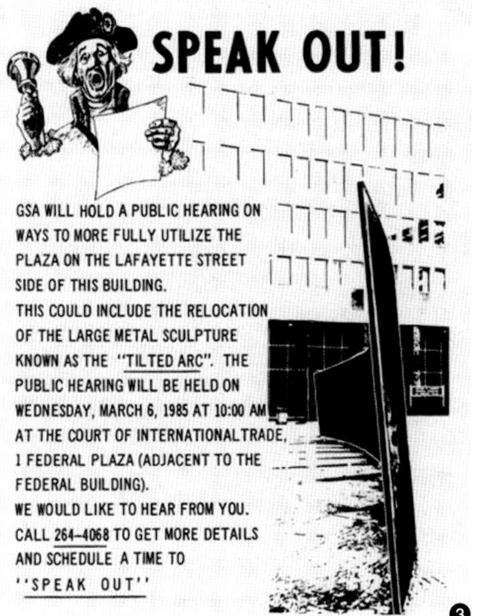

小贴士

《倾斜之弧》是由美国联邦公共事业部（GSA）1979 年委托艺术家理查德·塞拉创作的大型公共雕塑作品，1981 年被安放在纽约的联邦广场上。巨大的弧形结构几乎占据了整个联邦广场，将广场一分为二，逼迫使用者必须绕过它才能进入办公室。作品安装后引发了巨大的争议，市民发起请愿，要求移除它。1985 年法院进行了公开听证审理并裁定拆除，1989 年 3 月 15 日该作品被拆除。抛开艺术本体的讨论，这件作品的命运说明了西方社会公共领域的力量与价值，也表明了公众在社会公共领域具有平等的话语权（图 3、图 4、图 5）。

公众。需要特别强调的是，他们是在非强制的情况下作为一个群体来行动的，并具有可以自由集合、组合的保障，可以自由地表达和公开他们的意见。”[5]

从西方现代市民社会和公共领域概念的初步认识中我们可以看出，西方社会结构中存在一个与国家政治社会相分立的市民社会，它们以不同权力形式行使国家的统治管理职能，前者实施的是直接的强制性权力，后者则是以文化的形式和意识形态的力量统合着大众的观念和行为，两者共同构成了西方现代社会的基本运行机制。而公共领域则处于国家和社会的中间地带，是调节国家和社会之间的利益和关系的中介。

正是由于市民社会公共领域的产生和其在社会运行中的内在作用机制，确立了“公共性”的内涵与价值。哈贝马斯在分析 18 世纪资产阶级公共领域时把“公共性”界定为“它本身表现为一个独立的领域，即公共领域，它和私人领域是相对立的”[6]，就是说他把“公共性”基本等同于他所论述的公共领域，放在中文语境下我们可以理解为“公共性”是公共领域的唯一属性。

根据他对公共领域的论述，我们可以看到“公共性”具有以下几点含义：一是公众意见和公众舆论的形成。只有借助公众意见和公众舆论，市民阶层才能在社会事务中形成批评和批判力量，公共领域才能发挥其功能和彰显公共性价值。二是平等性与开放性。所谓平等，不是指社会地位或政治地位的平等，而是指抽离了贫富和身份差异的自然“人”的平等。同时，“公共性”强调公共领域原则上向所有人开放。

5 〔德〕哈贝马斯 / 著，汪晖 / 译，《公共领域》，文化与公共性，三联书店，1998 年，第 125-126 页。
6 〔德〕哈贝马斯 / 著，曹卫东 / 译，《公共领域的结构转型》，学林出版社，1999 年，第 2 页。

❻《嗯，大概》，美国波普艺术家罗伊·利希滕斯坦（Roy Lichtenstein）
后现代主义消除了艺术与大众、艺术与生活、不同艺术形式与风格之间的边界，抛弃了现代主义所强调的形式主义和审美的纯粹性，体现了视觉文化与日常生活的大众美学。

❼《高跟鞋》，美国后现代主义雕塑大师克莱斯·奥登伯格（Claes Oldenburg）
20世纪60年代后，西方主要艺术流派都致力于把艺术世界与日常生活世界联系起来，通过大众化的艺术语言，使艺术进入人们的日常生活之中。

美国社会学家汉娜·阿伦特（Hannah Arendt）在对公共领域和公共生活做出深入研究后，对"公共性"的含义也做出了三个方面的论述。首先，它意味着公开性，即是指在社会公共领域中可以被所有人看见或听见的任何事物；其二是真实存在性，是指这些公开的事物是全方位和真实地呈现在公众面前的，正如阿伦特所说："即使是最丰富最惬意的家庭生活也只能使个人的立场与视点得以延长…… 但它永远无法取代一个事物全面呈现在观看者面前所产生出的那一个现实。"[7] 最后一层含义是"共同性"，即是指所有人都具有的属性和对世界认知与想象的一致性。汉娜·阿伦特打了个形象的比喻，她认为就像坐在一张桌子周围的人们，公共性作为一种纽带将不同的人联系起来，但又保留其差异的特征。而一旦公共性消失了，就像桌子突然消失一样，人们也不再被任何东西联系了。

根据尤尔根·哈贝马斯、汉娜·阿伦特等学者对于"公共性"理论的描述，我们可以这样认为："公共性是人们之间公共生活的本质属性，它表现为在公开环境中和具有差异性视点的评判下形成的一种共识，进而巩固成一种维系他们之间共同存在的意识的过程。"[8]

3. 艺术的"公共性"指向

"公共性"是一个复杂的社会政治学概念，那么我们在"艺术"的前面冠以"公共"两字，称之为"公共艺术"，并在创作与研究中强调艺术的"公共性"，那么艺术领域的"公共性"指向和其核心价值是什么？

艺术作为社会意识形态和上层建筑的一部分，有其自身的逻辑，这种逻辑

7　汪晖、陈燕谷 / 主编，《文化与公共性》，三联书店，1998年，第88页。
8　于雷，《空间公共性研究》，东南大学出版社，2005年，第14页。

❽《大拇指》，法国雕塑家塞萨尔（Cesar）
无论在西方还是在东方，对于整个人类来说，竖起大拇指都是称赞与夸奖的意思，面对这个作品，不同的观众能够根据他们个人的理解体验公共艺术带来的张力与价值。

我们可以理解为艺术的自主性原则，即艺术有其自己独有的、不受外界支配和驱使的思维结构和表达方式。西方近一个多世纪的现代艺术发展，完全颠覆了传统的艺术价值与审美范式，“艺术在获得独立性的同时又越来越陷入纯粹理性精英文化的深渊，艺术脱离了生活的本质，成为象牙之塔的供物。”[9] 直至 20 世纪五六十年代波普艺术的出现，以及之后被称为“后现代”的艺术打破了艺术的封闭性和高高在上的姿态，才消除了艺术与生活、艺术与非艺术的界限，将艺术从形式的束缚中解放出来，走进我们的日常生活，进入了一个更为广泛的社会文化空间（图 6）。

而公共艺术正是在后现代艺术思潮的土壤中出现和成长，以艺术的“公共性”指向介入我们的社会生活和公共领域，重构了人们对艺术的理解与定义，是后现代精神的具体实践与体现。艺术的“公共性”指向在艺术观念上主张摆脱艺术精英主义，提倡艺术与生活界限的消解，倾向于让艺术走向社会、走向大众的日常生活（图 7）；在艺术创作上强调艺术的社会批判与人文关怀，并倡导利用艺术的力量构建公民的集体性意识与公共精神；在艺术展现上坚持艺术从美术馆、博物馆、画廊走向大众日常生活的各个角落，并逐渐融入我们的城市生活（图 8）。

9　王中，《公共艺术概论》，北京大学出版社，2014 年，第 72 页。

二、公共艺术基本概念及多种阐释

1. 公共艺术的基本概念

公共艺术概念的形成是以20世纪60年代美国国家艺术基金会公共空间艺术（the National Endowment for the Arts [NEA] Art in the Public Place）的建立与“艺术百分比计划”的实施为标志的，它使公共艺术从制度上得到国家与政府的认可与保护，其目标是让公众在博物馆之外接近我们这个时代最好的艺术。从此，公共艺术在美国蓬勃发展，并逐渐在欧洲与亚洲的一些国家兴起。由于公共艺术的基本概念在初立时期并不仅仅是一个艺术样式或呈现方式的变革，而是在对艺术精英主义的质疑以及艺术如何服务社会的诘问过程中，借以艺术的多种表现形式表达公民社会的集体诉求与权利，建立民主、自由、法制的社会共同体价值，并且在艺术参与各方共同的博弈、对话、妥协、融合的过程中逐渐建立的艺术与社会、政府、公众之间的一套艺术服务社会的良效机制（图9）。

❾ 美国国家艺术基金会关于公共艺术受众的统计数据。（图片来源：2016年第二届中国设计大展及公共艺术专题展）

小贴士

艺术百分比计划

艺术百分比计划是指以法律形式规定在建设工程预算中提取一定百分比用于艺术投资。美国费城在1959年批准了将1%的建筑预算用于艺术的条例，成为美国第一个通过“艺术百分比”条例的城市。1973年，美国联邦公共事业部（GSA）制定了美国的“艺术百分比”政策，并负责美国多个州的公共艺术规划与管理，使艺术为人民服务成为美国的国家政策，为民众带来了实实在在的文化福利，提升了市民的艺术修养和城市的文化底蕴，也为国家和城市带来了经济效益。

美国国家艺术基金会推算，对公共艺术的经费投入，可得到12倍的连带经济效益。

美国公共艺术受众推算
美国公共艺术评论家约翰·贝克尔的估计，全美平均每天有500万观众与公共艺术面对面，这个数字大约是画廊、博物馆、剧场观众总数的一千倍。

公共艺术在促进城市经济、政治、文化、社会、可持续发展上具有自己独特的价值和作用！

城市公共艺术

越战纪念碑每天的参观人数超过十万，放置在机场和地铁的艺术品每天也拥有数百万的观众。此外，公共艺术得到的媒体关注度是其他艺术形式的数十倍，如此庞大的观众数量和媒体关注度使公共艺术不可避免地成为重要的社会资源。

画廊
剧场
博物馆

约1000倍

受众人数超过500万人/天

参观人数182万人/年

❾

2. 对公共艺术的多种阐释

在我国，公共艺术这个概念的提及出现在 20 世纪 90 年代。伴随着经济发展和城市建设，以及市民社会的逐渐形成，关于公共艺术的讨论和相关的实践活动，已经成为国内城市文化建设领域和艺术领域的重要话题。

然而，由于公共艺术自身的复杂性，以及中国社会与西方社会在文化语境、城市发展和社会管理体系上的差异与特殊性，对于由“公共领域”“公民社会”等西方社会理论衍生而来的公共艺术的相关概念至今仍然难以界定，甚至是模糊的。针对这一困境，国内部分学者通过公共艺术理论研究与艺术实践对公共艺术的概念进行了多种解读。

中央美术学院王中教授从文化与艺术史的角度认为，公共艺术不是一个艺术流派或艺术样式，而是“一种当代文化现象，是一个由西方发达国家兴起的、强调艺术的公益性和文化福利，通过国家和城市权力和立法机关建置而产生的文化政策”。[10] 他并进一步指出，公共艺术是一种手段和行动哲学，通过艺术介入空间、艺术介入生活去塑造公众价值，以艺术为媒介反省或建构人、公共空间、城市、文化的良性互动关系。

深圳公共艺术中心（原深圳雕塑院）孙振华教授则从社会学的视角来强调公共艺术的社会属性与政治属性。他认为“公共艺术不是一种艺术样式，也不是一种统一的流派、风格；它是使存在于公共空间的艺术能够在当代文化的意义上与社会公众发生关系的一种思想方式，是体现公共空间民主、开放、交流、共享的一种精神和态度”。[11] 他认为公共艺术这个概念的价值与意义，不在于它是什么形态，事实上，诸如建筑、雕塑、绘画、摄影、书法、水体、园林景观，或是地景艺术、装置艺术、影像艺术、行为艺术、表演艺术等都可以通过公共艺术的方式来实现，公共艺术重要的不是形式，而是其所体现的价值取向。

北京大学翁剑青教授从公共艺术与城市形态、公共艺术与城市文化的历史、公共艺术与当代社会多元文化格局的关系等方面，探讨公共艺术在城市文化生态中的角色与意义。他认为公共艺术概念有以下几个具有普遍意义的要素：

“（1）设立于公共场所，提供并任由社会公众自由介入、参与和观赏的艺术，即直接面对非设定的、不同阶层的社会公众。（2）艺术作品（包括有多样介质构成的艺术性景观、设施和其他公开展示的艺术形式）具有普遍性的公共精神——关怀和尊重社会公共利益和情感，标示和反映社会公共意志和精神理想。（3）艺术品的筛选、展示方式及其运作机制体现其公共性（由社会公众授权及公议所体现的合法性）。主要是艺术建设项目的立项，艺术品的遴选、设立及管理机制具有广泛的公共参与性和代表性，并接受公共舆论的评议和监督。（4）艺术品在此作为社会公共资源供社会公众共同享有。包括私人捐赠的作品的公开设立或

10　王中，《公共艺术概论》，北京大学出版社，2014 年，第 72 页。

11　孙振华，《公共艺术时代》，江苏美术出版社，2003 年，第 25 页。

取消，均应广泛听取社会公众的意见，并由公民授权的公共权力机构及法律制度予以裁决。” 他并进一步指出“公共艺术在广义上不仅包括视觉范畴的造型艺术，也包括了诸如音乐、戏剧、舞蹈、影视及其他综合媒体的公开的艺术表演形式”。公共艺术之“公共”，并非仅指物理概念上的空间与场所的共享性，而同时含有社会学和政治学意义上的“共同享有”“共同协作”和“民主参与”的语意，含有诸如“公众舆论”“公共意见”“公共利益”等方面的内涵。[12]

著名公共艺术学者马钦忠教授从公共艺术所呈现的特征来解释什么是公共艺术。他认为“公共艺术是一种当代性的空间文化，是对城市主宰者的认同与分享，及对城市情感确认度的文化塑造，同时也是从文化的角度以公共艺术的直接性对城市空间语篇进行的章节划分。公共艺术又是精英文化社会化、民众化、大众化的一种当代性的空间物质文化，是对人的持久性和永恒性意义的思考与展示，又是当代市民文化的一部分，必须通过大众参与与社会释读和传递而成为大众自身生活的一部分。唯有通过公众参与，才可能变成为大众共有”。[13]

从以上学者对于公共艺术概念的研究中我们可以看到，公共艺术不是一个纯艺术范畴，并且在不同国家、不同地区以及同一区域的不同发展阶段具有不同的含义，其价值指向从艺术美化环境、艺术介入空间向艺术的公共性以及艺术的民主价值延伸，其表现形式也由壁画艺术、雕塑艺术、建筑装饰向景观艺术、大地艺术、装置艺术、行为艺术、多媒体艺术扩展，从而逐渐形成了一个动态的、多层次的概念体系。

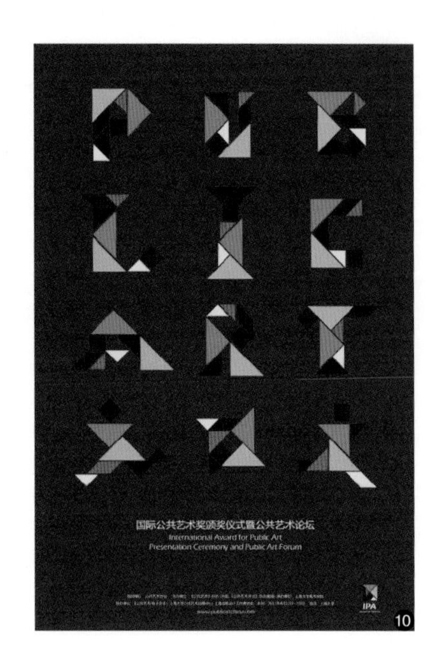

⑩ 2013 年首届国际公共艺术颁奖暨公共艺术论坛活动海报
由中国《公共艺术》和美国《公共艺术评论》两家期刊于 2011 年共同创立了“国际公共艺术奖”，以“地方重塑”为主题，选择来自全球艺术家在 2006 年 1 月 1 日到 2011 年 9 月 30 日期间的作品，包括壁画、雕塑、社区改造、空间转换、艺术活动等多种形式，为我们理解和阐释公共艺术的基本内涵提供了不可多得的范例。

三、公共艺术专业教育的发展

由于当代艺术的内生发展动力以及中国城市建设需要，公共艺术研究和相关艺术实践自 20 世纪 90 年代开始在国内兴起和蓬勃发展。配合北京奥运会、上海世博会而在北京、上海成功实施的公共艺术实践，王中、孙振华、翁剑青等学者的公共艺术理论研究，上海、北京、深圳等地公共艺术论坛的成功举办都预示着一个公共艺术“时代”的来临（图 10）。

与此同时，国内部分高等艺术院校也相继积极地开展了公共艺术人才的教育与培养，中国美术学院、中央美术学院、广州美术学院、西安美术学院、天津美术学院、复旦大学视觉艺术学院、上海大学美术学院、汕头大学长江艺术与设计学院等都相继设立了公共艺术专业，开展了公共艺术的教学与研究（图 11）。

然而，由于公共艺术基本概念的不确定性，加上对公共艺术的研究和社会认知度还处于一个初始状态，相关的理论体系尚未建立和成熟，国内高等艺术院校的公共艺术专业教育，无论是在专业定位还是教学体系方面仍然处于一种探索和实验的阶段。这些探索和实验，对于我国公共艺术专业教育的发展和成熟，

12 翁剑青，《城市公共艺术》，东南大学出版社，2004 年，第 17 页。
13 马钦忠，《公共艺术的价值特征》，美术观察，2004 年，第 9 页。

⓫ 汕头大学“公共艺术节”论坛现场
汕头大学“公共艺术节”于2007年由汕头大学张宇教授率团队在李嘉诚基金会支持下创立，现已成为中国公共艺术领域的重要活动之一。

都是积极的、必要的和必然的过程。

1. 公共艺术专业的学科发展

公共艺术作为一门学科概念的提出，应该始于1997年上海大学美术学院提出的公共艺术设计专业获得上海大学“211”重点学科建设项目的论证与立项，并对公共艺术设计进行了专业定位，指出公共艺术设计“是指以人为核心，以城市公共传播、公共环境、公共设施为主要对象，运用综合艺术手段，创造舒适的生活空间、生活方式的艺术设计”。[14] 中国美术学院2002年率先创办了国内美术院校中第一个公共艺术专业，并于2008年获得教育部批准增设本科公共艺术专业代码，成为公共艺术专业学科正式设立的标志。2012年教育部颁发的本科专业目录中，公共艺术专业正式成为设计学科下设专业，使公共艺术专业成为名正言顺的、由国家从学理上给予认可的新兴专业，给公共艺术专业的学科发展提供了一个广阔的空间。

由于对公共艺术概念和学科范围的解读存在不同，以及办学资源等自身现实条件的差异，国内各高等艺术院校对于公共艺术专业的定位和教学取向也不尽相同。部分高校的公共艺术专业设置在设计学科，从环境艺术设计或建筑、景观设计分化出来，强调公共艺术的设计功能与实用功能；另外一部分高校将公共艺术专业设置在造型学科，在雕塑、壁画等传统造型学科的基础上拓展其专业内涵与外延，强调公共艺术的艺术审美与文化精神。虽然这两种教学取向和专业定位都试图从公共艺术的不同角度建立专业教育的框架与体系，但两者都无法准确体现公共艺术的学科属性，以及多学科、交叉性、综合性的专业特点。

14　汪大伟，《公共艺术设计学科—— 21世纪的新兴学科》，《装饰》杂志，1999年，第6页。

⓬ 全国大学生公共视觉作品展参展作品
为进一步弘扬上海城市精神，提升城市空间品质，营造城市文化氛围，自 2013 年起，上海市规划和国土资源管理局、上海市城市雕塑委员会办公室结合上海发展实际，提出以“文化兴市，艺术建城”为理念，打造具有“国际性、公众性、实践性”的城市空间艺术展示活动。旨在通过展览与实践相结合的方式，将城市建设中的实践项目引入展览，将展览成果应用于城市建设中的实践项目。展览已成功举办四届，成为具有长远影响的全国性公共艺术活动展示平台。

2. 公共艺术专业的教学体系

由于国内公共艺术的理论研究、艺术实践和专业教育尚处于探索与实验阶段，对于公共艺术的概念和与之相适应的社会认知、制度建设、运行机制、公众参与方式、专业教育体系的探索仍处于一个概念和模仿的认知阶段，这势必无法形成统一的、标准化的专业定位和教学体系。正是由于公共艺术专业发展过程中这一个现实问题的存在，使我们不能仅仅满足于对公共艺术专业的自圆其说，而应根据公共艺术的学理基础和社会发展要求，明确公共艺术作为一个学科专业所应建立的专业体系与框架。

虽然公共艺术概念解读和专业包容量有宽泛和模糊之处，但公共艺术作为一个学科专业应具有准确清晰的专业定位与人才培养目标（图 12）。根据对国内大部分高等艺术院校的公共艺术专业的调研来看，虽然各院校公共艺术专业的建置、所依托专业、教学方向具有明显的差异，但在人才培养目标方面则较为一致与统一，总的来说公共艺术专业培养目标是：培养具有公共艺术基本理论知识、创作观念和相关专业技能，具备公共艺术策划、设计与创作能力的复合型艺术人才。这里我们可以看出，目前公共艺术专业教育的疑惑主要在于对专业技能的认知与现实条件存在差异。因此，我们有必要对公共艺术专业所需要的专业技能进行思考与梳理（图 13）。

从广义上说，一切具有公共性特征的艺术形式都可以称之为公共艺术，那么是否所有艺术形式的创作能力都是公共艺术专业所需要具备的专业技能呢？这显然是不现实的。那么公共艺术专业所需的专业技能有哪些？笔者通过目前社会发展对公共艺术人才要求的调研以及广州美术学院雕塑系公共雕塑专业（原公共艺术专业）的教学实践来看，公共艺术专业能力的培养应着重思维与观念、艺术造型与空间设计、材料与技术、策划与传播、表达与呈现这 5 个部分。

① 思维与观念

公共艺术专业理论与观念的教学与培养，应在艺术史论的基础上拓展艺术的视角与视域，通过对公共艺术理论、市民社会与公共领域理论、当代艺术理论、大众文化理论、城市空间理论等理论体系的研读与反思，了解西方公共艺术的内涵与发展脉络，正确认识公共艺术概念在中国当代社会文化背景下的产生、发展与流变，进而建立具有“公共性”的艺术观念、思维与设计创作模式。

② 艺术造型与空间设计

由于公共艺术专业的多学科和交叉性特点，以及公共艺术形式与呈现的多样化，要求公共艺术专业学生应同时具有较强的艺术造型能力与空间设计能力。但是，在现行艺术教育体系中，这两种能力培养则分属美术与设计两个学科，这就要求公共艺术专业教育需打破学科界限，建立科学合理的课程体系和培养方式。同时也要求公共艺术专业学生能够拓展个人的专业学习领域，吸收和借鉴当代艺术、雕塑、景观、建筑设计等专业的建构经验，建立具有跨界特征的艺术造型与空间设计能力，为以后的公共艺术创作奠定良好的专业基础。

③ 材料与技术

随着当代艺术的观念、形式和审美的不断发展，以及材料种类与加工方式、展现技术的不断进步，为公共艺术设计提供了更加广阔的舞台与可能。在公共艺术设计与创作实践中，除了传统的石材、木材、金属、树脂、陶瓷等材料以外，

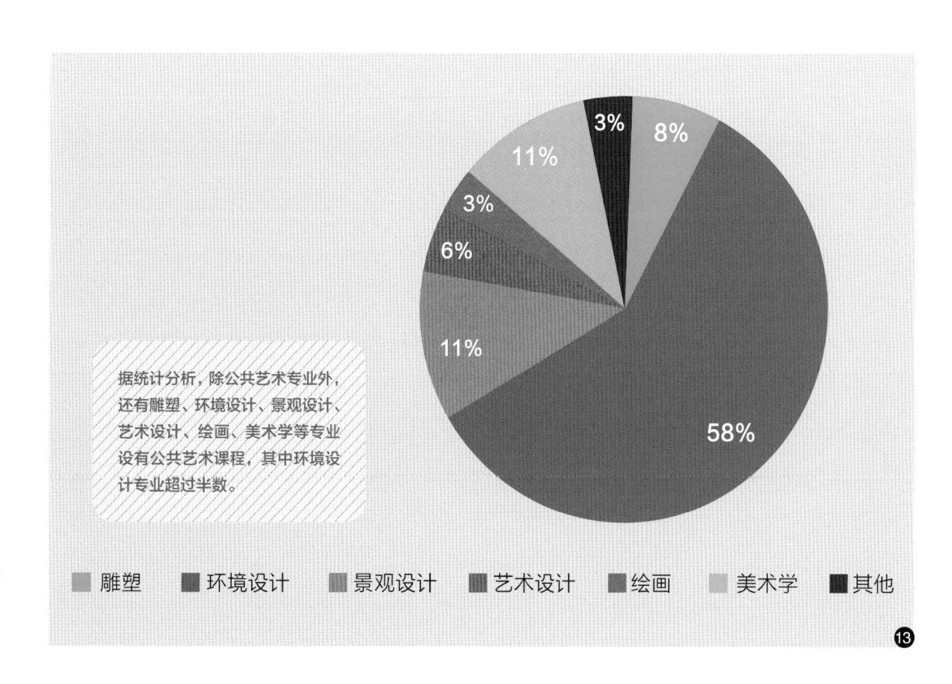

⑬ 公共艺术高校教育分类统计图——设有公共艺术课程的专业。（图片来源：2016 年第二届中国设计大展及公共艺术专题展）

现成品、玻璃、影像、光电材料、动态机械、数字雕塑等综合材料和技术的运用，以及光、声音、气体、网络等新的艺术媒介的拓展，已经在国内外优秀公共艺术作品中越来越多地应用与呈现，这极大地丰富和拓展了公共艺术的表现形式与艺术语言，同时也对公共艺术专业人员在材料应用与技术实现方面提出了新的要求。

④ 策划与传播

由于公共艺术的公共性要求，完整的公共艺术设计过程一般包括前期的策划、中期的艺术创作和后期的互动传播三个阶段。前期的策划需要解决“做什么”、“为什么”的疑惑；中期的艺术创作需要明确“怎么做”的问题；后期的互动传播则是对“做得如何”的评价与追问。一件优秀的公共艺术作品，不仅需要审美价值的表达与呈现，还要通过策划与传播体现作品的公共性价值和社会意义。在目前国内公共艺术创作与教学实践中，更多地强调艺术创作技能的教学和训练，而忽略了策划和传播等社会学能力在公共艺术创作中的重要性。因此，公共艺术专业的教学应将设计策划学、传播学纳入教学体系和具体课程，同时也需要公共艺术专业的学生主动地将上述学科的知识结构纳入个人的学习范围。

⑤ 表达与呈现

公共艺术项目一般会涉及出资方、委托方、管理方、设计师、艺术家、使用者、公众等多方参与者，设计与创作成果也需要由委托方、专家、公众进行筛选与评价，因此对作品的创作理念、艺术表达方式、展现效果等信息进行清晰准确的表达与呈现，是公共艺术设计与创作人员所应具备的基本能力。

课堂思考

1. 简述“公共性”的内涵，从日常生活中举例说明东西方文化对于“公共性”概念认知的差异。
2. 简述国内学者对于“公共艺术”基本概念的不同解读与阐释。

Chapter 2

公共艺术设计的理论准备

一、市民社会与公共领域理论 022
二、当代艺术理论 024
三、大众文化理论 028
四、空间设计理论 031

学习目标

通过系统的基础理论研习，搭建起全面扎实的公共艺术理论知识架构，进而为公共艺术设计与艺术实践提供科学的、严谨的、全面的基础理论支撑。

学习重点

1. 公共艺术设计的基础理论框架。
2. 当代艺术的发展对于公共艺术的影响。
3. 大众文化理论认知与研习。
4. 空间设计理论对于公共艺术设计的支撑作用。

理论是实践的眼睛，是建构思想逻辑的基础。公共艺术设计在专业实践的同时应注重专业理论的培养与学习，形成理论学习和专业实践的良性互动。由于公共艺术设计涉及多个学科专业，在面对不同专业纷乱繁杂的各种基础理论和学说时，究竟应如何借鉴和取舍并建立公共艺术专业学生所需要的理论架构？

笔者认为公共艺术专业学生应具有艺术理论、设计理论和相关社会学理论的基础与认知。由于多数艺术院校都会开设艺术概论、设计概论、美术史、雕塑史等相关艺术设计公共理论课程，本书则不作赘述。

公共艺术设计专业在上述理论学习的同时，需要在市民社会与公共领域理论、当代艺术理论、大众文化理论、空间基础理论四个方面进行学习和探索。由于本书目的不在于理论性研究，仅在四个理论体系中提取了与公共艺术设计具有紧密关联的理论观点与相关著作作为公共艺术设计专业理论学习的重点。

一、市民社会与公共领域理论

众所周知，西方公共艺术的产生与发展都离不开其特有的社会背景与文化语境（图 14）。西方市民社会更多体现的是民主意识与自由精神，而作为市民社会一部分的公共领域，既是大众行使公民权利的区间，也是承载公共艺术的重要土壤。根据公共艺术专业理论的培养要求，市民社会与公共领域理论应作为公共艺术设计学科建构的重要理论基础之一。因为，市民社会与公共领域理

⑭《高速》，亚历山大 · 考尔德（Alexander Calder），美国密歇根州大激流城
该城市雕塑是 1967 年由美国国家艺术中心提供捐助而完成的城市振兴工程。

⑮ 汉娜·阿伦特（1906-1975），20世纪最伟大、最具原创性的思想家、政治理论家之一。

⑯ 尤尔根·哈贝马斯（1929-），德国当代最重要的哲学家之一。

⑰《公共领域的结构转型》（德文版），尤尔根·哈贝马斯/著。

论将帮助我们由表及里地对西方公共艺术有更深刻的理解和判断，对开展我国本土化公共艺术创作实践具有很高的借鉴价值和指导意义。

首先，日本著名社会学者植村邦彦撰写的《何谓“市民”社会：基本概念的变迁史》可以作为该理论的重要读本之一。本书以亚里士多德、洛克、卢梭、黑格尔、马克思等的思想为轨迹，对市民社会的思想起源到现当代各国市民社会的现状这一全球性的演变过程展开翔实的阐述，是公共艺术专业研究市民社会的重要思想基础。

其次，杨仁忠先生的《公共领域论》将公共领域从市民社会语境中提取出来进行研究，并以古希腊、古罗马、中世纪、近代到现代的时间推进为线索，对公共领域的生成发展、理论特征、运行机制、宪政民主功能及中国意义等问题展开了详细的梳理和分析。书中考察了康德、阿伦特（图 15）、哈贝马斯等专家的公共思想与理论，对公共领域及其概念进行了界定，并在东西方不同语境下探讨了公共领域及其理论的时代价值。笔者认为，该书可作为公共艺术专业研究公共领域理论的重要读本之一。

再者，哈贝马斯先生（图 16）所撰写的《论公共领域的结构转型》（图 17）被公认为是该领域的经典之作，可作为研习的重点。作者以欧洲中世纪“市民社会”的独特发展历史为源，从社会学、历史学和政治学的角度对“资产阶级公共领域”这一具有划时代意义的范畴加以探讨。本书阐述了自由主义模式的资产阶级公共领域的结构和功能，即资产阶级公共领域的发生、发展及在社会福利国家层面上的转型，为我们理解西方国家的公共艺术的产生和发展提供了更深层的意识基础。

最后，李佃来先生的《公共领域与生活世界：哈贝马斯市民社会理论研究》一书深化分层了哈贝马斯先生的“市民社会”概念，并将公共领域、市民社会、生活世界、社会批判等问题作了联系统一的论述。同时，作者还提出东西方市民社会话语的不同概念。对它的研读，将更有利于我们准确地找寻本土化公共艺术设计与创作的方向与定位。

小贴士

尤尔根·哈贝马斯

德国当代最重要的哲学家之一，被称为“当代最有影响力的思想家”，在西方学术界占有举足轻重的地位。主要研究与贡献：公共领域的形成和瓦解，资本主义社会中现代科学技术的地位，资本主义社会的危机的类型，批判理论与行动理论等。重要著作：《论公共领域的结构转型》《知识与人的利益》《理论和实践》《知识和人类旨趣》等。

二、当代艺术理论

当代艺术与公共艺术的概念定义都具有集合性的特征，如：雕塑、绘画、装置、摄影、影像、广告、设计等，都可以被当代艺术与公共艺术作为载体在公共空间呈现，两者都有向社会发声的创作意愿。尽管当代艺术多在展馆内展出，是一种强调艺术家个体艺术观念的先锋艺术类型，公共艺术则多在城市户外空间呈现，是一种强调大众群体接受的共享艺术类型，但无论是在展馆还是城市户外空间出现，其承载的场地都具有不同程度的空间开放性。可以这么说，两者之间的边线界定有时并不那么清晰，甚至由于相互影响，两种艺术范畴逐渐显现出相偕共生、相互交叉、和而不同的关系。

近年来，随着多元文化的引入和当代艺术的兴起发展，大众开始接触到并尝试接受更多类型的公共艺术作品。一些公共艺术作品也呈现出形式独特、观念前卫的当代意味。很多时候，一件好的公共艺术作品，同样也是一件优秀的当代艺术作品，反之亦然（图 18、图 19）。

笔者认为，正因为当代艺术与公共艺术之间的交叠关系，当代艺术现象与理论的建构对于公共艺术专业的学生显得非常必要。若能在理清当代艺术理论脉络的同时，全面地了解并掌握相关的创作思路、技法与形式语言，定能为创作出具有艺术性、思想性、引领性的当代公共艺术作品提供帮助。因此，西方当代艺术理论与中国当代艺术理论可作为当代艺术理论建构与研习的基础。

⑱《耳朵》，安尼什·卡普尔（Anish Kapoor），新西兰吉布斯公共雕塑公园。

⑲《耳朵》，安尼什·卡普尔，英国泰特美术馆。

⑳ 20 世纪极简主义雕塑大师理查德·塞拉的作品，西雅图新奥林匹克雕塑公园。

1. 西方当代艺术理论

该部分理论以建构西方当代艺术发展的框架脉络为目标，将 20 世纪西方艺术发展史作为主要研究范畴，重点了解西方现当代艺术的生成、发展、成就及意义。最好以图文阅读的方式梳理脉络，力求对各个时期的主要艺术流派、代表人物、创作风格、形式语言、社会影响有较为清晰的认知与准确的定位。

首先，笔者推荐英国著名学者爱德华·路希·史密斯（Edward Lucue-Smith）先生撰写的《20 世纪的视觉艺术》一书，该书关注 20 世纪视觉艺术发展中的各种艺术门类、流派、风格的形成与演进，涵盖了建筑、雕塑、绘画、影像艺术、装置艺术、行为艺术、环境艺术等现当代最为主要的艺术形式（图 20、图 21）。此外，作者将十年定为一个阶段进行分章阐述，并全面地将 20 世纪各个时段的艺术现象放置到整个时代背景中去分析，既考量了各艺术门类的传承与发展，又探讨了社会生活和时代变迁对艺术的影响。该著作主题明确，图文并茂，能清晰地为学生们梳理出一条 20 世纪视觉艺术的历史脉络，可作为西方当代艺术理论建构的基础书目。

其次，笔者认为美国著名教授简·罗伯森（Jean Robertson）与克雷格·迈克丹尼尔（Craig Mcdaniel）先生所撰写的《当代艺术的主题：1980 年以后的视觉艺术》可以作为《20 世纪的视觉艺术》的衔接补充。该书阐述了 1980 年至 2008 年近 30 年时间的当代视觉艺术发展，并以该阶段极具代表性的当代艺术家与作品为例，重点分析了身份、身体、时间、场所、语言、科学与精神性等重要问题，具有重点突出、时效性强的特点。

理清了现当代艺术发展的脉络，补充相应的艺术批评理论也十分重要。艺术批评理论不同于发展史，它常以专题的方式对某一艺术现象或艺术问题进行归集研究，若有针对性地研读定会对当代艺术形成有更加深刻而透彻的理解。

例如：美国当代著名艺术批评家约翰·拉塞尔（John Russell）先生撰写的《现代艺术的意义》，伊夫·米肖先生撰写的《当代艺术的危机：乌托邦的终结》以及王瑞芸先生撰写的《西方当代艺术审美性十六讲》都可以作为该专题的阅读重点。该领域知识的获取与补充，对于公共艺术专业学生的艺术视野、比较分析的能力，以及评判精神的培养与建立有着重要的意义。

小贴士

Q: 如何正确看待科技发展与当代艺术的关系?

A: 当下，科技发展对当代艺术的影响可谓越来越大，艺术家们越来越注重吸纳和运用科技新成果辅助创作。如：著名国际当代艺术家埃利亚松先生每年都会在德国柏林大学召开科学家年会，以探讨科技对创作的全新介入方式。总体来说，当代艺术创作中如何利用高科技与新媒介去更好地表达创作思想与内涵显得非常重要。

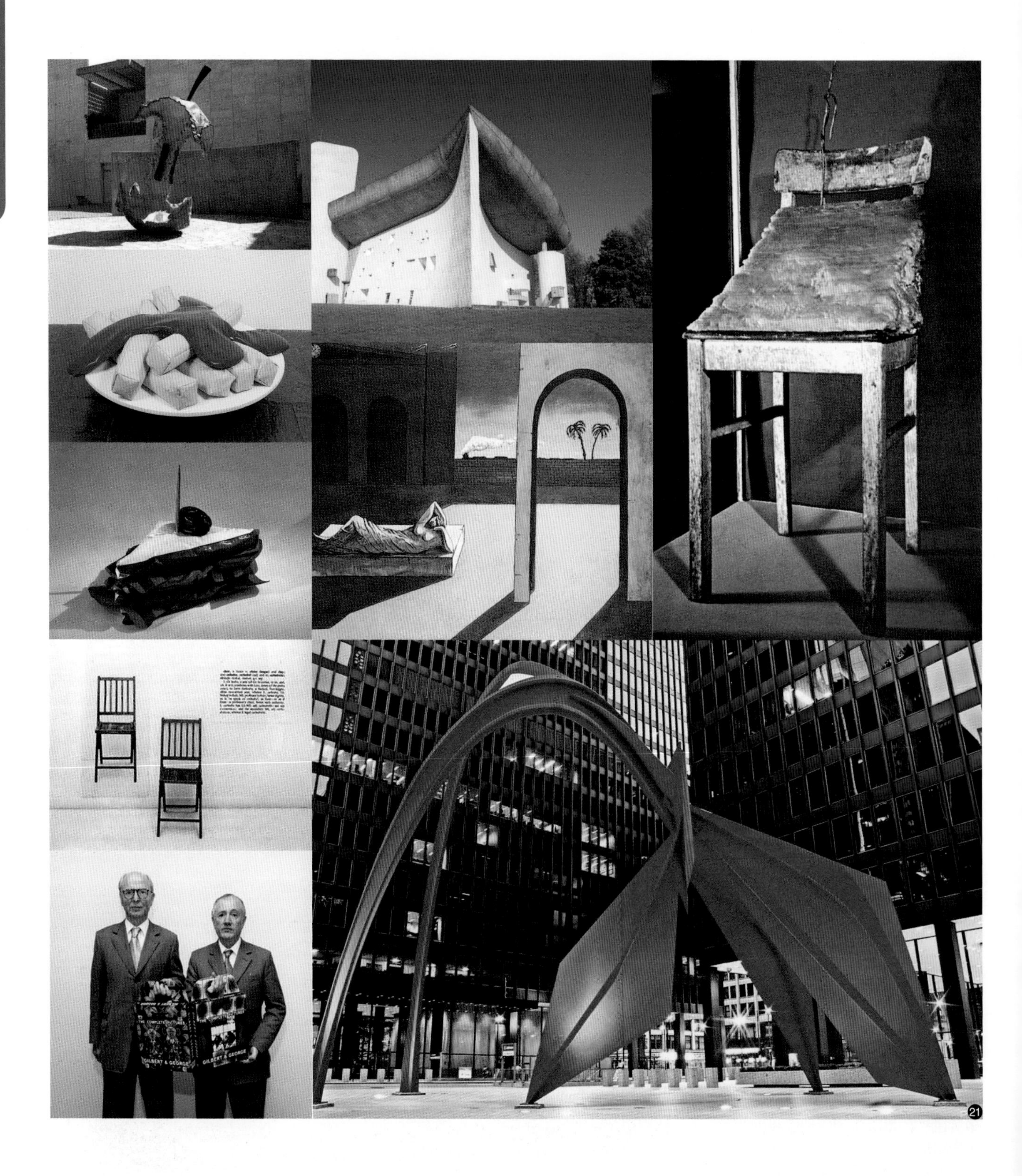

㉑ 20 世纪的视觉艺术。

2. 中国当代艺术理论

近年来，中国本土当代艺术家的创作越来越多地介入城市中更加开放的公共空间，艺术家们将自身对于社会的思考与关注转化为先锋性的作品，以实验性的方式向民众和社会发声，当代艺术与公共艺术之间也出现了更多的交集（图22）。因此，研究本土当代艺术的发展历程与面貌，将当代艺术创作的理念与公共艺术创作进行有效的结合，对本土化公共艺术设计与创作有着重要的指导意义。

鲁虹教授撰写的《中国当代艺术 30 年（1978-2008）》可以看作是该部分理论的重要基础之一。首先，作者通过梳理大量的中国当代艺术作品，以图文并进的方式讲述了改革开放三十年以来本土当代艺术的发展历程。并对 50、60、70、80 年代等不同年代出生的艺术家、作品及其艺术创作上的特征与差别展开思考分析，并对年轻一辈的艺术家创作出具有文化性、民族性、本土性、时代性的艺术作品提出了殷切期盼。该书不仅仅是一本介绍和展示中国当代艺术的著作，还透过现象分析，为学子们提供了一种艺术思考方法与创作方向上的指引。

㉒《遗产》，蔡国强，澳大利亚布里斯班现代美术馆
99 只动物在白沙环绕的湖边低头喝水，这一乌托邦式的理想境界让作品超越了当代艺术与公共艺术的界限，真正实现了全人类对于生态与环保的共同思考。

三、大众文化理论

“大众文化”（mass culture）这一概念最早提出是在西班牙哲学家奥尔特加所撰写的《民众的反抗》一书中，主要指一个地区、一个国家、一个社团中伴随着历史延伸下来的或新近涌现的，被大众所信奉、接受的文化。

然而，我们今天所指的大众文化则是在一个特定范畴下所探讨的，兴起于当代都市中，与工业化进程、城市建设、市民生活、地域文脉、民俗历史、商业消费等领域密切关联的，由普通大众的行为、认知的方式及态度的惯性等所呈现的文化形态。

对于从事公共艺术设计与研究的人来说，若能从大众文化的本体内涵、传播形式、社会效应、精神诉求与受众心理等多方面获取足够的专业知识，无疑能对公共艺术设计如何与社会、城市、受众进行精准地对接提供帮助。根据公共艺术设计专业的理论培养要求，笔者认为，大众文化的理论基础可以从大众文化本体理论、大众文化媒介与传播理论、受众分析理论等几大方面来建构。

1. 大众文化本体理论

大众文化本体理论是从宏观的角度研究大众文化的概念、历史、发展、现象和社会意义的理论。

首先，英国知名媒介与文化研究专家约翰·斯道雷（John Storey）先生撰写的《文化理论与大众文化导论》可作为本知识体系的重要导读书目，该书是该领域公认的最为权威的综述性著作之一（图23）。本书对于这一学科的历史、传统及当下的发展现状作了深入细致的分析，并全面介绍了大众文化、文化与文明、性别与民族、结构主义、后现代主义等重要概念与社会思潮，有助于学生在一定程度上建立对于相关文化理论的认知。

其次，复旦大学陆扬教授所撰写的《大众文化理论》一书介绍了西方大众文化的历史由来，并着力分析了大众文化在中国本土的传播接受与模式变迁，对于如何将大众文化应用于本土公共艺术设计与创作具有一定的参考意义。

㉓〔英〕《文化理论与大众文化导论》，约翰·斯道雷/著，常江/译。

2. 大众文化媒介与传播理论

公共艺术创作者应全面了解大众文化的媒介类型与传播方式，进一步地学习大众文化传播学的相关知识，才能充分地运用好大众文化传播的多种媒介，创作出具有广泛社会影响力的公共艺术作品。

首先，约翰·维维安（John Vivian）先生所撰写的《大众传播媒介》一书全面介绍了图书、报纸、唱片、广播、电影、网络、新闻、广告等多种大众传媒形式，并对它们的功能、特点、运用、管理、社会伦理、传播效应作了深刻的剖析，有利于学生系统地了解和梳理文化媒介、文化传播与社会之间的关系，对于丰富公共艺术设计与创作的形式将提供更多的可能（图 24、图 25）。

其次，李岩先生所撰写的《传播与文化》一书解析了全球化、跨文化的当代现象以及大众文化传播的当代意义。它将为学生们在设计与创作中，如何通过更好地融入大众文化进而拓展艺术的传播效应提供更宏观的思考模式。

㉔ 大众传播媒介。

㉕ 大众传播媒介图表。

3. 受众分析理论

公共艺术，作为一种当代艺术的方式，它的观念和方法首先是社会学的，其次才是艺术学的，因此，公共艺术的创作者应学会换位思考，站在大众的视角创作出大众所喜爱的艺术作品。因此，研究与分析受众的心理与需求，将有利于公共艺术创作的概念输出，建立起与大众之间的精神联系（图 26）。

丹尼斯・麦奎尔（Denis McQuail）先生撰写的《受众分析》是西方传播研究界公认的最全面的探讨和总结受众问题的著作之一。书中，作者阐释了受众的主要类型、传播者的责任、传播者与受众的相互关系等，提出了“从受众出发”与“从媒介出发”的重要观点。书中关于“受众概念的未来”的理论具有前瞻性，对新媒介、跨国媒介、互动新技术的发展与新受众的关系提出思考，为新时代的公共艺术设计指明了方向。

小贴士

Q: 什么是“受众”？“受众”与公共艺术的关系?

A: 受众意为信息传播的接收与接受者，如：报刊和书籍的读者、电影电视的观众、广播的听众、艺术的欣赏者等。对于公共艺术来说，受众是公共艺术的主导者、解读者、参与者，受众的意见比专家的意见更重要。

㉖《北京・记忆》，王中，北京地铁八号线南锣鼓巷站
作品以具有老北京特色的生活场景剪影的方式呈现，数千个琉璃块中收集并封存了带有北京生活印迹的老物件，观众可通过对应二维码扫描的方式，阅读该物件背后的故事。一枚粮票、一阵叫卖声……作品以大众文化为中心，注重受众的广泛参与和接受，用公共艺术的方式真正实现了文化在城市空间中的孵化与生长，再一次唤起了人们对于北京的历史、文化与生活的记忆。

26

四、空间设计理论

西方当代公共艺术是在城市更新背景下发展起来的，作为公共艺术载体的城市公共空间受城市历史、文化、政治、经济等多种因素的制约和影响，呈现出复杂而多样的特征。而公共艺术以艺术介入城市公共空间的方式体现其具有“公共性”特征的社会价值与艺术价值。因此，公共艺术专业有必要也必须把对城市公共空间的理论与实践研究纳入其教学体系，从而完善公共艺术专业教育的广度与深度。根据公共艺术专业的理论培养要求，笔者认为应研究和借鉴城市规划、建筑学、景观设计等学科的理论基础，建立空间构成基础理论、城市设计基础理论、行为研究基础理论三个理论体系的研究与学习。

1. 空间构成基础理论

空间构成理论是空间设计学科最基础的理论体系，从包豪斯的设计基础教学到日本的三大构成体系，以及现代综合媒介的构成学研究，空间构成已经形成了完整的理论建构。公共艺术专业的空间基础理论学习，无疑必须借鉴现有的空间构成理论体系，笔者认为可借鉴美国著名建筑学家程大锦所著《建筑：形式 · 空间和秩序》一书的主要思想与理论，结合公共艺术的专业特点，完善空间的基本特征、空间的构成要素、空间的形式与组合、空间的秩序原理、空间的体验与感知等知识点的教学与训练，使学生初步建立空间观念与意识，认识空间与公共艺术的关系，进而延伸到对于空间造型、材料、色彩、质感的探讨与认知，拓展公共艺术设计与创作的思维与方法。

2. 城市设计基础理论

城市空间作为公共艺术的载体，承载着公共艺术的存在价值和文化意义。而公共艺术则以艺术的方式介入城市空间，建立艺术与社会及公众的联系，促进社会关系的建构。因此，公共艺术教学与学习应建立对城市空间的研究。而西方在近百年的城市设计实践过程中，在不同时间、不同地域的相关理论与思想纷乱繁杂。但目前对于公共艺术设计专业而言，对下述几个思想与理论体系进行借鉴与探讨具有一定的现实意义。

首先是以美国城市理论学家刘易斯 · 芒福德（Lewis Mumford）先生所著《城市发展史——起源、演变和前景》为代表的关于城市历史和发展的理论。在书中，作者详尽论述了五千年来，城市在各个历史时期的形式与功能，并从宗教、政治、经济、文化方面展现了城市社会的发展过程，并以艺术哲学的视角与笔触去解析人类社会，提出城市是人类赖以生存和发展的重要介质。城市不仅仅是居住生息、工作、购物的地方，它也是文化容器，更是新文明的孕育所。书中的一些观点和论述与当代公共艺术的价值取向具有惊人的相似性，是公共艺术专业研究城市文化的重要思想基础。

其次是以美国城市规划学者凯文 · 林奇（Kevin Lynch）所著《城市意象》和日本著名建筑师芦原义信所著《街道的美学》《外部空间设计》为代表的关于城市公共空间设计的思想理论和方法。

凯文 · 林奇的城市意象理论认为，人们对城市的认识及所形成的意象，是通过对城市的环境形体的观察来实现的。城市各种标志是供人们识别城市的符号，人们通过对这些符号的观察而形成感觉，从而逐步认识城市。他在《城市意象》一书中的一个重要概念就是城市环境的“可读性”和“可意象性”，认为城市空间应该为人们创造一种特征记忆（图 27），因为城市“频繁的改建抹去了历史进程中形成的识别特征，尽管它们一遍遍地修饰，试图表现华丽，但在表象上它们常常缺乏特征”。

此外，书中通过对城市环境五大元素：道路、边界、区域、节点、标志物的分析，解释了城市元素对于市民心理的重要影响。书中强调的所谓边界、节点、标志物等等，往往就以雕塑或景观构筑物等公共艺术方式呈现，这正好是公共艺术专业课程的重要教学与学习内容。

而日本著名建筑师芦原义信的《街道的美学》《外部空间设计》，则探讨了城市街道的尺度和相关美学法则、城市空间的体验与感知以及城市积极空间和消极空间等城市空间的属性问题，所有这些理论与思想都是公共艺术介入城市空间所要把握和遵循的基本原则（图 28）。

小贴士

凯文 · 林奇

麻省理工学院规划学教授，杰出的人本主义城市规划理论家。毕业于耶鲁大学，师从一代建筑宗师弗兰克 · L. 赖特。他的理论影响了现代城市设计、城市规划、建筑、风景园林等各个学科的建设和发展，于 1990 年被美国规划协会授予“国家规划先驱奖”。他花了 5 年时间研究人们穿梭于城市中时，如何对城市空间信息进行解读和组织，1960 年他出版了对现代规划最有影响的著作《城市意象》。

㉗ 城市意象。

㉘ 城市空间与公共艺术的关系
城市规划学、建筑学、景观设计学等城市设计理论着眼点在于城市物质形体空间，更多地偏重功能的满足与环境心理的影响；而公共艺术则强调通过改变城市空间的视觉与美学品质进行城市空间的文化传递与价值塑造。（图片来源：马钦忠 / 著，《公共艺术基本理论》，天津大学出版社，2008 年，第 144 页）

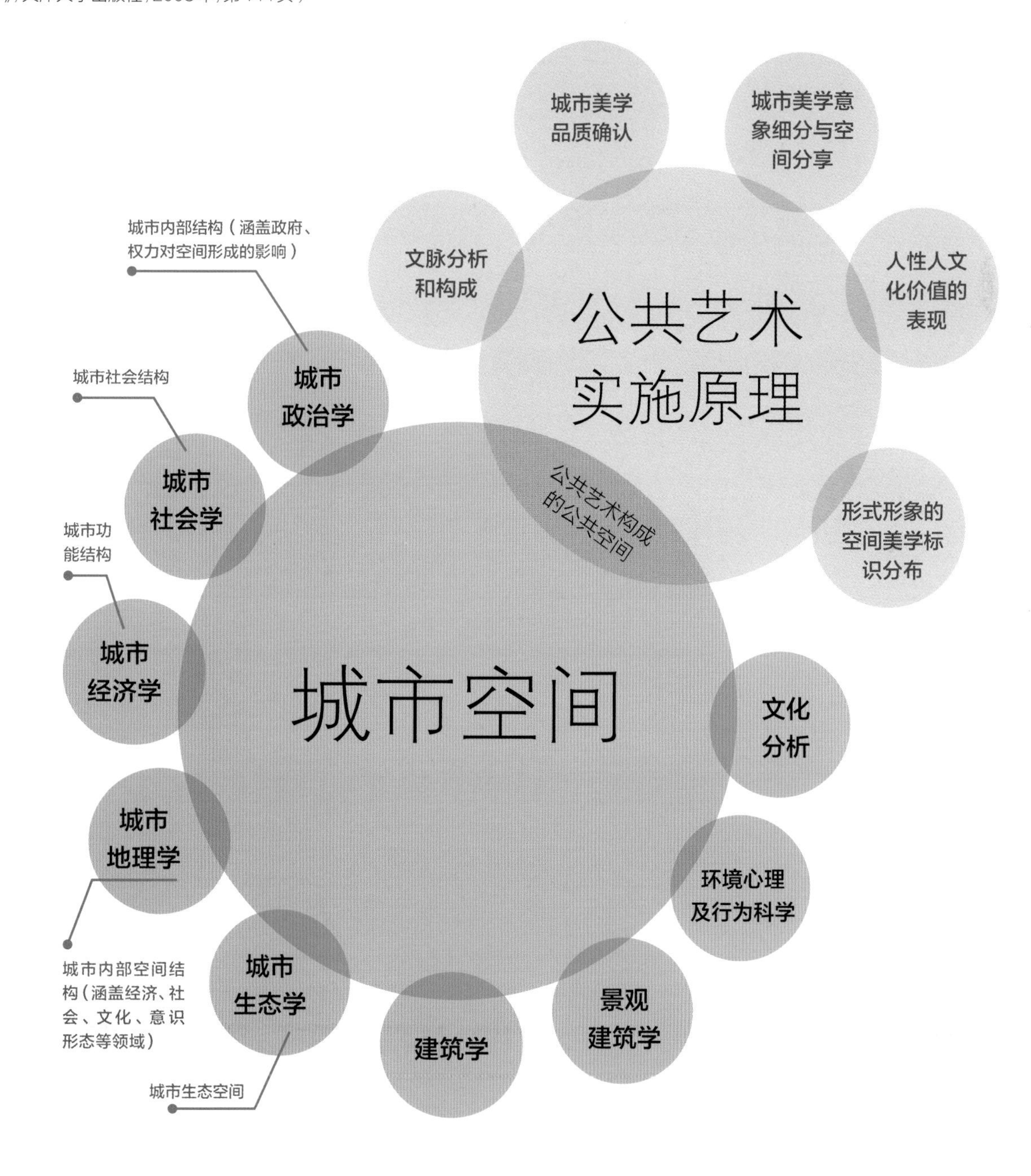

3. 行为研究基础理论

目前对于公共艺术的研究和创作实践中，在关注公共艺术作品、公共艺术家以及作品的艺术和社会价值之时，却往往忽略了对于“公众”的行为研究，也缺少对于公共艺术作品介入城市空间后的质量评价。因此，笔者认为丹麦著名城市设计专家杨·盖尔（Jan Gehl）所著的《交往与空间》一书关于城市公共空间质量与人的交往行为的研究理论与思想是公共艺术专业可借鉴的重要理论基础。在《交往与空间》一书中，杨·盖尔先生着重从人及其活动对物质环境的要求这一角度，来研究和评价城市公共空间的质量，从住宅到城市的所有空间层次上详尽地分析了公众到公共空间中散步、小憩、驻足、游戏的行为特征，以及促成人们的社会交往的空间类型和设计方法。而公共艺术的核心价值是通过公众参与与互动，增加社会不同人群的交往，进而促成社会公共生活的产生。因此，《交往与空间》一书的理论和对公共空间的质量评价方法也是公共艺术创作的重要的方法论基础（图 29）。

㉙ 人的行为与环境的关系
不论是环境设计还是公共艺术设计都不能忽略人的存在与行为方式。（图片来源：〔美〕阿尔伯特·拉特利奇 / 著，王求是、高峰 / 译，《大众行为与公园设计》，中国建筑工业出版社，1990 年，第 159 页）

课堂思考

1. 简述市民社会与公共领域理论研习对于本土化公共艺术设计的指导意义。
2. 简述大众文化传播的多种形式、特征、意义。
3. 简述受众分析对于公共艺术设计的借鉴意义。
4. 简述空间设计理论中的行为研究基础理论与公共艺术设计之间的关系。

Chapter 3

公共艺术设计的类型与形式

一、建筑物装饰 036

二、公共雕塑 041

三、景观装置 048

四、公共设施 052

五、网络虚拟艺术 055

六、地景艺术 058

七、公共艺术活动 060

学习目标

了解公共艺术设计的主要类型、形式与特点，通过案例分类解析，形成较为丰富的视觉储备与理论基础。

学习重点

1. 建立“艺术营造空间”、“艺术激活空间”、“公共艺术为大众服务”的理念。
2. 认识当代公共艺术设计的类型特征、创作方式及城市应用。
3. 探索当代公共艺术设计与社会背景、地域文化、城市空间以及公众之间的关系。
4. 培养学生从理论基础、创作方法学习到空间设计与艺术实践的转换能力。

公共艺术本身就是一个相对的概念，就传统架上艺术的画廊陈列、美术馆展览与私人收藏的方式而言，公共艺术更具有开放性、公众性和服务性的特点。如果从形态学的角度去理解，公共艺术常指的是公共开放空间中与相应环境空间中传达“场所文化”特征的多种形式的规划、设计与艺术创作。本章节，笔者将从公共艺术的形态学出发，结合世界范围内的公共艺术发展现状进行梳理与分类，对建筑物装饰、公共雕塑、景观装置、公共设施、网络虚拟艺术、地景艺术、公共艺术活动等公共艺术设计的主要类型与形式展开全面分析与探讨。

一、建筑物装饰

在漫长的艺术发展历程中，艺术（如壁画、浮雕、雕塑和工艺品等）与建筑紧密结合，这些艺术形式或依附于建筑形体与空间，或以独立的样式呈现，既与建筑物形成有机的整体，又凸显出独特的艺术魅力。不但强化了建筑的主题特性、实用功能和审美意义，更实现了人类物化居住和精神性表现的统一。

纵观历史，古希腊人将建筑视为美学与艺术之源，用象征性的古希腊三柱式、浮雕和雕塑来装饰建筑，开启了西方建筑艺术的灿烂之门（图 30、图 31）；古罗马人创造出与浮雕、圆雕相结合的凯旋门，彰显时代的英雄气质（图 32）；中世纪的教堂建筑以哥特式的窗格、拜占庭式的穹顶和秩序化的宗教人物雕像

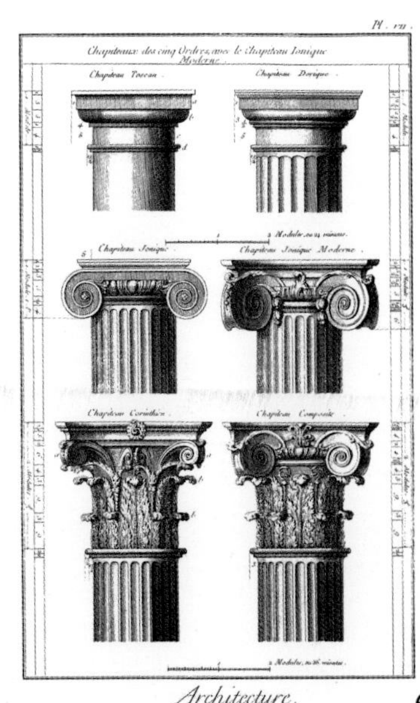

㉚ 古希腊三柱式，古希腊雅典卫城，分为多立克、爱奥尼和科林斯三种基本样式。

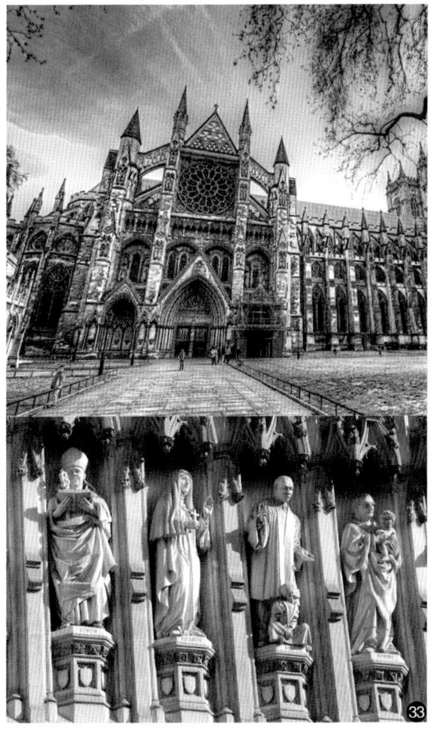

❸❶ 巴台农神庙，伊克蒂诺斯，希腊雅典。

❸❷ 罗马凯旋门，意大利罗马。

❸❸ 威斯敏斯特大教堂，英国伦敦。

❸❹ 卡比托里奥广场，意大利罗马
1536年受教皇保罗三世的委托，由米开朗基罗规划的，包括建筑物翻修、雕塑安排与广场设计一体化的综合性工程。其中几何形状地面放射图案，十分抢眼。

❸❺ 圣彼得大教堂，意大利梵蒂冈
世界上最宏伟壮丽的天主教堂，教堂由文艺复兴时期众多知名的建筑师、艺术家参与设计，包括布拉曼特、米开朗基罗、拉斐尔等。

等装饰空间，传递出静谧威严的气氛（图33）；文艺复兴时期的艺术家们更是秉承着“三位一体”的法则，将雕塑、壁画与建筑进行整体设置，缔造了西方建筑艺术辉煌的巅峰（图34、图35）。

建筑之所以被称为艺术，被视为一种文化，与建筑装饰的参与有很大的关联。建筑装饰作为一种特有的艺术语言和符号参与到建筑的总体构思与特定空间场域的构建中来，使建筑更具文化气息、审美意义与时代价值。

如今，随着人们的审美水平与精神追求的不断提升，当代建筑的艺术表现与空间营造越来越被人们看重，一些外形独特与装饰手法新颖的建筑被视为城市气质与社会文明的综合标志。

1. 建筑物壁画

壁画作为最古老的绘画形式之一，常依附于建筑物的天顶及立面，其丰富的修饰与美化功能，使它成为建筑与环境艺术中重要的组成部分。在欧美，建筑壁画是架上绘画走向公共空间的重要一步，许多国家都有推动建筑壁画的公共艺术政策。早在 20 世纪 30 年代，美国罗斯福总统的艺术新政期间，就有近 3000 幅的建筑壁画问世（图 36）；此外，在法国、英国、德国等欧洲国家，艺术家们为了保护或改造传统旧式建筑，在这些建筑的外立面上作画，以增强建筑的历史与艺术价值，提升城市品位（图 37）。

在公共艺术蓬勃发展的当下，建筑壁画更是以城市壁画的概念出现在写字楼、住宅、机场、地铁、车站、餐厅等各色主题性建筑空间以及城市中的任何角落（图 38、图 39）。由于壁画的选题和风格受到特定建筑与环境的限制，所以不同的空间要求不同题材与形式的壁画来装饰。当代建筑壁画可运用的材料多样，包括油漆、马赛克、玻璃、陶瓷、铁线和织物等；创作的方式更是包括手绘、喷漆、镶嵌、拼贴和编织等等。当代建筑壁画除了传统装饰与美化功能外，还肩负着社区改造、公共文化传播、记录城市发展等多重功能（图 40）。它们

㊱ 美国罗斯福新政时期的建筑壁画
写实主义风格与充满叙事性的画面，表现了特定时期的美国本土文化与美国人的生活情景。

㊲《里昂人》，法国里昂托尼 · 卡尼尔城市壁画博物馆
该壁画创作于 20 世纪 80 年代，展现了里昂历史上 20 多位名人穿越时空伫立阳台的情景。

㊳《回忆 · 壁画》，爱德华多 · 考博拉（Eduardo Kobra），巴西
该壁画运用手绘、喷漆与涂鸦的方式，绘制了一百年前里约热内卢的生活街景，以复苏城市的记忆。

㊴ 瑞典斯德哥尔摩地铁站壁画。

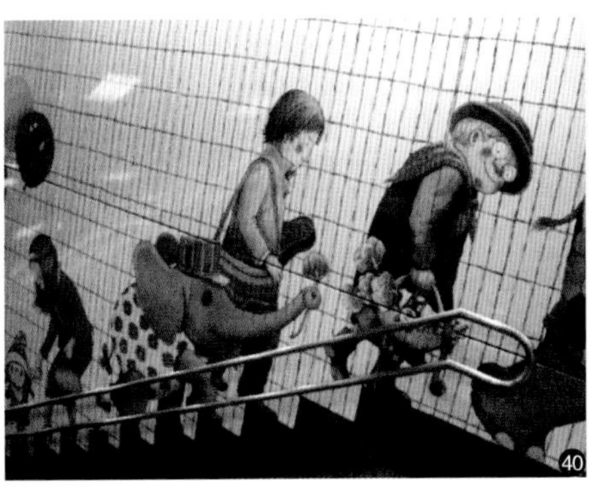

❹⓪ 台北捷运南港站壁画
该壁画以陶瓷镶嵌的手法与几米的漫画风格结合，再现了昔日南港码头的繁荣景象。

❹① 马来西亚槟城街头壁画。

不但以激活空间的方式美化了我们的城市，还为人与环境、人与人之间的对话提供了无限的可能（图 41）。

2. 建筑物雕塑

雕塑与建筑自古以来就有着广泛而深刻的联系，雕塑也素有“建筑之花”的美称。漫步欧洲街头，我们不难发现，许多古典建筑的内外立面、廊柱、房檐、屋顶、走道以及建筑围合的广场空间都有雕塑的身影，雕塑的设置与建筑风格交相辉映，精妙绝伦。雕塑装饰着建筑，传达着建筑物内在的历史文化内涵和精神气质（图 42）。

❹② 勃兰登堡门，朗汉斯（Langhans）、沙多（Schadow），德国柏林
以雅典卫城城门为蓝本，融汇了古希腊廊柱、圆雕、浮雕等艺术形式综合建造的新古典主义风格砂岩建筑。大门内外侧墙面用浮雕刻画了海格力斯、马尔斯等希腊神话人物与故事。门顶中央的胜利女神维多利亚骑驾车马的群雕则成为了整个建筑的点睛之笔与灵魂所在 。

传统的建筑物雕塑是指建筑物本体构件与建筑物围合空间内的所有雕塑形式，包括：圆雕、浮雕（高浮雕、浅浮雕和线刻等）。其制作材料包括：石材、木材、金属（铜、铁、不锈钢等）、石膏和树脂等；加工工艺包括：翻模、敲凿、铸造和锻打等。

随着现代建筑简约风格的发展和人们审美能力的提高，当代建筑物雕塑的题材与表现形式日趋宽泛，其与建筑物之间不再是单纯的装饰关系。如：克莱斯·奥登伯格则以一种近乎调侃的方式，大胆地将巨型雪糕筒雕塑设置在建筑顶端，使当代雕塑在不经意间走向建筑，走向城市，走进人们的视野与生活之中（图43）。

各种新形态的雕塑更加以一种独立的姿态介入到城市建筑物的空间中来，这种介入对建筑物的主题推动、风格塑造以及精神提炼都有着积极的意义。雕塑与建筑的结合，将生成现代感极强的视觉实体与充满生机活力的公共交往空间，并作为城市新形象展现出其独有的当代存在价值。如雕塑家劳伦斯（Laurence Argent）在成都国际金融中心和美国丹佛会议中心创作的《I am here》和《I see what you mean》就是最好的例证（图 44、图 45）。

㊸《建筑上的雪糕筒》，克莱斯·奥登伯格，德国。

㊹《I am here》，劳伦斯，成都国际金融中心。

㊺《I see what you mean 》，劳伦斯，美国丹佛会议中心。

㊻ 龙格堡加总部篮子大楼，美国沃克市龙格堡加公司是美国最著名的手工篮子制造商，建筑紧密结合企业文化，是一件优秀的当代雕塑化建筑作品。

㊼ 奥地利格拉茨现代美术馆，彼得·库克（Peter Cook），当代性仿生状建筑。

小贴士

雕塑化建筑

一些当代建筑师开始跨领域创作，他们的设计除了满足居住、使用等功能外，开始着重于外在形态和审美意义的传达，借鉴现代雕塑中的抽象、具象等造型语汇，创造出具有强烈雕塑特征的当代建筑（图 46、图 47）。

同时，建筑的发展也影响着雕塑的面貌，城市中出现了许多运用建筑材料，并具有建筑构造方式的空间化雕塑。

㊽狮身人面像，埃及。
㊾图拉真记功柱，意大利罗马。

二、公共雕塑

雕塑，作为一门传统的立体造型艺术，以物质性的实体探讨着形体与空间、环境、大众之间的关系，在艺术的发展中占据着非常重要的地位。回望历史，无论是肖像、神话还是宗教雕塑，西方雕塑的经典之作多以公开的姿态展现在公众的视野当中，体现了不同时代的精神与某种意义上的公共性（图48、图49）。正如温洋先生所说："公共的特性也是雕塑艺术与生俱来的本质属性，作为一种以空间表现为语言的艺术形式，它所表现在共有空间中和环境联系上的外延特征都说明了它的公共属性。"[15]

尽管雕塑放置于公共空间，用以表现某种内容的实例由来已久，但"公共雕塑"却是一个全新且具有当代意义的概念。其含义更加宽泛，已经超出了传统意义上的雕塑范畴。作为公共艺术中最为主要的表现形式之一，公共雕塑的发展为公共艺术创作提供了更多的可能性。

笔者认为，公共雕塑是在城市公共空间中建立的，可供公众欣赏、交流、参与、互动的广泛的当代雕塑形式。公共雕塑在积极探索造型美学、空间构造与技术风格的同时，更强调雕塑的当代都市功能与社会意义。它在一定程度上契合、满足公众的精神诉求，是一种普世态度和人文思想的表达。艺术家们期望通过公共雕塑激活城市空间、美化城市环境，同时能够塑造公众的集体意识，引领大众的思考，进而推动社会的进步。

由于公共雕塑的创作与所处的特定场所空间、多元化的社会文化背景息息相关，本章节将围绕纪念性、主题标志性、装饰趣味性和观念性等几大公共雕塑类型进行阐述，旨在为读者理解公共雕塑现状建立起一条有效的途径，进一步为今后的设计、创作与实践奠定基础。

15　温洋，《公共雕塑》，机械工业出版社，2006年，前言。

1. 纪念性公共雕塑

纪念性公共雕塑，是指通过雕塑艺术的形式，对历史发展中具有重大社会意义与深远影响的事件、人物等主题进行主观记录、描述和塑造的公共雕塑作品（图 50）。

纪念性雕塑以缅怀追思与歌功颂德为目的，常常通过造型、尺度、材质的结合给人以崇高感、力量感与恒久感，进而使观赏者产生崇拜与敬畏的心理效应（图 51）。因此，纪念性雕塑也成为最具时间跨度和社会影响力的公共艺术作品。尽管传统的纪念性雕塑所建立的公共关系多数是自上而下的集权意识，但在某种程度上来说，它依旧具备了一定的、有限的公共性。因为，纪念性雕塑是人类历史的集体记忆，它表现了专属于那个时代的社会文化和精神追求。

当代纪念性公共雕塑表现形式多样（图 52），从造型语言上来划分，可分为具象写实与表现、抽象表达等；从形制类型上来划分，可分为单体、群雕、纪念性艺术综合体等。当下，纪念性公共雕塑将被赋予更高的意义，它将作为最有社会意识代表性的一种艺术形式，继续承载起人类的记忆与城市的精神（图 53、图 54）。

雕塑家黎明先生创作的《青年毛泽东》雕像可以看作是中国近年来最具代表性的当代纪念性公共雕塑之一。雕塑长 83 米、宽 41 米、高 32 米，内部采

㊿ 柏林犹太人纪念碑，彼得 · 艾森曼（Peter Eisenman），德国柏林。

51 拉什莫尔国家纪念碑，格曾 · 博格勒姆（Gutzon Borglum）
该雕塑建造于 1927-1941 年，位于美国南达科他州高约 183 米的拉什莫尔山峰之上，为了纪念美国历史上最有影响力的四位总统（华盛顿、杰弗逊、罗斯福、林肯）而建。雕塑依山而凿，尺度巨大，每个头像高约 18 米，远远望去，给人以无比震撼的视觉冲击感。

52 纳尔逊 · 曼德拉纪念碑，马可 · 千法内利（Marco Cianfanelli），南非夸祖鲁纳塔尔省。

53 广州解放纪念碑，潘鹤、梁明诚，广州海珠广场。

54 重庆谈判，梁明诚，广州美术学院大学城梁明诚师生雕塑园。

55 青年毛泽东纪念像，黎明，湖南长沙橘子洲头。

用钢筋混凝土框架结构，外部由 8000 多块采自福建高山的永定红花岗岩石拼接干挂而成。雕塑以 1925 年青年时期的毛泽东形象为基础，艺术地表现了当年 32 岁的毛泽东胸怀大志、风华正茂的英雄气概。雕塑在彰显着湖湘精神的同时，也已成为了长沙市的城市新名片（图 55）。

说到纪念性艺术综合体，斯大林格勒战役纪念性空间体可谓其中最为经典的代表。该艺术综合体位于苏联卫国战争中战斗最为残酷的玛玛耶夫山岗，是雕塑、建筑、景观、展示与史实陈列相结合的大型纪念性艺术综合体。空间中最为著名的当数苏联雕塑家武切提奇（Yevgeny Vuchetich）创作的高 104 米的主体雕塑——《祖国母亲的召唤》。雕塑人物身体前倾，剑指苍穹，发出生命的呐喊与召唤，传递着不惧牺牲、前赴后继、冲锋陷阵的国家气概。雕塑位置显要突出，在控制着景观视像的制高点的同时，成为整个纪念性艺术综合体的视觉中心。如今，这位顶天立地的母亲雕塑形象，已经成为整个伏尔加格勒市和俄罗斯的民族精神象征（图 56）。此外，位于南京的侵华日军南京大屠杀遇难同胞纪念馆，从建筑、景观、雕塑、装置、空间展示、史实陈列、爱国教育到场所精神的综合营造，无疑是中国当代最具震撼力的纪念性艺术综合体。

56 斯大林格勒战役纪念性艺术综合体，俄罗斯伏尔加格勒。

2. 主题标志性公共雕塑

主题标志性公共雕塑，是指在城市公共空间中主题明确、标识性强烈的雕塑形式，它常常位于城市广场、主要街区、大型建筑物之间，是城市内在精神的最直观体现。它所反映的主题往往和国家意志、民族意识、城市精神、地域文化、人文历史等息息相关（图 57、图 58）。

安尼什 · 卡普尔创作的《云门》位于芝加哥千禧公园广场，雕塑高达 10 米，重量为 110 吨，由多块高度抛光的不锈钢板焊接而成，无论是白天还是夜晚，芝市的高楼景观与观赏的人群都会被投射到雕塑之上。光亮的材质辅以曲面的造型，营造出一种超然的力量和都市感受。由于它的外形特征，芝加哥人将其称为“豆子”，随着时间的推移，这颗极具当代意味的“豆子”已经成为芝加哥市的重要城市标志（图 59）。

57 救世基督像，保罗 · 兰多斯基（Paul Landowski），巴西里约热内卢。

58 天坛大佛，段起来，中国香港。

59《云门》，安尼什 · 卡普尔，美国芝加哥千禧公园广场。

57

58

59

3. 装饰趣味性公共雕塑

装饰趣味性公共雕塑，是指一种与环境契合，注重审美愉悦与互动参与的雕塑艺术形式（图 60）。常位于城市街区、公园、绿地等环境中，对美化城市环境、激活空间活力、提升生活品质有着重要的意义（图 61）。

荷兰艺术家弗洛伦泰因 · 霍夫曼（Florentijn Hofman）擅长在公共空间中创作巨型动物雕塑和营造趣味性空间氛围。从大黄鸭、河马到大兔子，艺术家的动物造型生动鲜活，充满童真稚趣，且在世界性的巡回展出中非常注重参与和互动，深受广大市民的喜爱（图 62）。

装饰趣味性公共雕塑设置的目的在于让人们在轻松愉悦的氛围下，通过欣赏、参与、交流建立起积极向上的都市互动公共关系。

(60)《勺子 & 樱桃》，克莱斯 · 奥登伯格。

(61)《大猫》，费尔南多 · 波特罗（Fernando Botero），哥伦比亚麦德林。

(62) 弗洛伦泰因 · 霍夫曼的作品。

4. 观念性公共雕塑

观念性公共雕塑是一种先锋式的雕塑形式，是雕塑家将独具见解与个人语汇的雕塑作品放置于公共空间中，力图与大众建立更深刻对话的艺术方式。该类作品的创作并不屈从于大众审美，而多以前卫、尖锐、深刻的方式揭露社会现象与反映社会热点。

安东尼·葛姆雷是一位热衷于社会思考的观念性公共雕塑家。在《都市时间》（图 63）中，艺术家大胆地将系列化的等大裸体雕塑放置在多个建筑的顶端，当人们看到这一诧异的景象时，会不禁停下脚步，深度思考人、时间、生活的关系。

观念性公共雕塑属于当代艺术创作的范畴，它在城市公共空间中的创作可能受到社会政治与体制背景的一定制约，它的展示常会以短期或艺术计划的形式展开。从某种意义上说，好的观念性公共雕塑可以激发、引领大众的艺术思维与社会思考，并可以作为城市公共艺术的有力补充。

小贴士

安东尼·葛姆雷
（Antony Gormley）
1950 年出生于英国伦敦，他的雕塑、装置和公共艺术作品以探讨身体和空间关系的方式，思索着自然宇宙中人类存在的基本问题。通过自己与他人身体的参与，他不断尝试让公共空间产生新行为、思想和感情。代表作包括《土地》、《北方的天使》、《临界物质》等。

63 《都市时间》，安东尼·葛姆雷。

三、景观装置

景观装置是展馆装置艺术与城市景观设计广泛结合的一种全新的、空间化的城市公共艺术形式。它植根于城市中，侧重于空间的建构以获取观者的精神体验，是一种强调组织过程和构造方式的时间性、空间性与参与性的艺术（图64、图65）。可以这么说，当代景观装置是“场所 + 媒介 + 情感”的城市空间综合展示艺术（图66）。它包含了传统媒介景观装置、新媒介景观装置、观念性景观装置等多种类型。

景观装置设计与创作既可以艺术造景，做永久陈列；也可以应对城市庆典

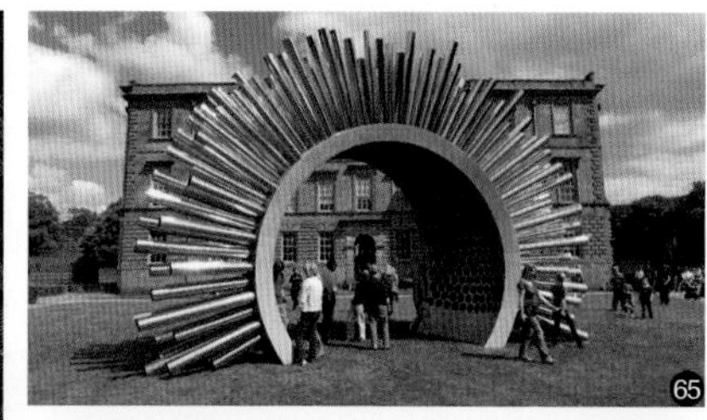

64《无尽的楼梯》，奥拉维尔·埃利亚松（Olafur Eliasson），德国慕尼黑。

65《风声亭》，卢克·杰拉姆（Luke gerram）
该作品是由弦、不锈钢管组成的探索风能和声学的装置，空气的流动使弦产生独特的低频率声响，给人以独特的听觉体验。

66《阿姆斯特丹 1.26》，珍妮特·埃切勒曼（Janet Echelman），荷兰阿姆斯特丹
该作品是采用飞利浦 LED 照明技术创作的光雕装置，形状模仿了海啸的震波，灵感来源于 2010 年 2 月智利地震使当天时间缩短 1.26 微秒的科学数据报告。

67《翻转地》，理查德·威尔逊（Richard Wilson），英国利物浦
该作品是艺术家以废弃建筑为载体，为英国利物浦当代艺术双年展所创作的临时性的机械旋转装置。

与公共艺术活动，做临时性展示（图 67）。它实现了装置艺术由展馆走向城市，由静态走向动态，由三维走向多维，由传统走向现代的全新交流模式，使观者在观赏中参与互动，甚至不自觉地成为作品的一部分。它跨越了艺术与设计的界限，增强了建筑、景观与城市之间的联系，是城市新形象的重要艺术表达。

当下，高度发展的工业化进程使得城市的个性特征逐步消失。模式化的建筑群落、萧瑟的公共空间让浸润其中的都市人群变得疏离冷漠。如何通过景观装置这种兼具文化性、视觉性、空间性和多变性的艺术类型去构建具有综合感知的公共空间，将艺术带入生活，是非常当代性的命题。

1. 传统媒介景观装置

传统的装置艺术是以对现成品的利用、拆解、加工和重组为主要特征的。当代城市景观装置创作在沿用这种创作理念的同时，进一步突破尺寸、材料、技术和功能的限制，更加自由地运用现成品或传统媒介（木、石、钢、玻璃、塑料等）进行集合创作。

如：2013 年 7 月在葡萄牙阿格达举办的“摇曳的阿格达”艺术节中，作品《雨伞大道》将三千多把色彩绚丽的雨伞悬挂在阿格达的主要街区之上，营造出爱丽丝梦游仙境一般的斑斓景观（图 68）。作品《阅读巢》则是一座回收利用一万块废弃木板打造的鸟巢形的“微建筑”，旨在城市中建立临时性阅读休息空间，并重申知识的意义（图 69）。

68 “摇曳的阿格达”艺术节，葡萄牙。

69 《阅读巢》，马克 · 雷吉尔曼（Mark Regilman），美国克利夫兰。

2. 新媒介景观装置

新媒介景观装置主要是指运用声、光、电等新型媒介与数字化、虚拟化等电子软件技术相结合，在城市公共空间中创造出具有新颖视效、交互体验的空间装置作品。

新型媒介作为艺术设计与创作表达的当代化语言，充满了科技性、前瞻性和探索性，让艺术与设计呈现出更加丰富的表现形式、内涵及社会影响力。奥拉维尔·埃利亚松、詹姆斯·桑伯恩（James Sanborn）、布鲁斯·蒙罗（Bruce Munro）、丹·罗斯加德（Daan Roosegaarde）等艺术家都是新媒介景观装置创作的先行者（图 70、图 71）。

小贴士

奥拉维尔·埃利亚松

1967 年出生于丹麦，是国际著名的当代艺术家。他以操纵自然、创造奇观的理念进行创作，作品横跨装置、雕塑、新媒体、建筑、工业设计、大地艺术、超现实主义等艺术领域，科技感极强。代表作包括：《气象计划》、《纽约瀑布》、《彩虹走廊》等。

⑦⓪ 《气象计划》，奥拉维尔·埃利亚松，伦敦泰特美术馆。

⑦① 《广播词》，詹姆斯·桑伯恩，美国阿德勒新闻学院

该作品是以光、电媒介与板材镂空造型相结合的新媒介景观装置，镂空的多国文字在强光的散射下，形成区域更广的光影文字空间，在营造出新奇视效与综合感知空间的同时，引申出文化传播的强大魅力。

72《彩虹车站》, 丹 · 罗斯加德，荷兰阿姆斯特丹中央火车站。

73《Waterlicht》，丹 · 罗斯加德，荷兰阿姆斯特丹国立博物馆广场。

74《凡 · 高的星空单车道》，丹 · 罗斯加德，荷兰纽南镇

该地是凡 · 高的故乡，星点般的涂料白天收集能量夜晚展现光明，宛如凡 · 高的名画《星空》。

在荷兰艺术家丹 · 罗斯加德为阿姆斯特丹中央火车站创作的《彩虹车站》中，他邀请科学家用液晶膜制作了一个具有“几何相位全息（geometric phase holograms）”技术的滤光器，再将一盏 4000 瓦的聚光灯透过滤光器散射到车站的玻璃窗上。由于滤光器能有效地散射 99% 的白光，显出光谱中的所有颜色，因此而制造出奇幻绚丽的都市彩虹景象（图 72）。

在作品《Waterlicht》中，丹 · 罗斯加德则利用最新的 LED 照明、电脑编程、光电投射等技术在阿姆斯特丹国立博物馆广场的上空展现了古老城市淹没于海底的奇观。沉浸式的海洋体验唤醒着人们应该懂得更加尊重自然、保护家园，深刻地体现了艺术家用科技艺术化的方式对人类生存环境的思考（图 73）。

新媒介景观装置创作中，艺术家如同一个个师法自然的光影魔术师，制造出绚丽夺目的奇妙效果和艺术语境（图 74）。视觉、触觉、听觉、嗅觉甚至是味觉等综合感知的创造将会弥补传统艺术形式在感官性和参与性上的缺失。它符合当代公共艺术发展的趋势，也使得城市公共艺术呈现出更强大的生命力。

小贴士

Q：什么是装置艺术的互动性？

A： 皮力先生在《国外后现代雕塑》中谈道：所谓互动性是在指空间作品中把观众身体运动的轨迹预先算计在作品结构内，等待观众的身体从特定位置与路径上到来，使身体被预设为影响到装置构成和现场情境本身的因素。这样围绕着观众身体的通过而建立起来的现象世界不是作为外在知识，而是成为内在的体验被唤醒。

3. 观念性景观装置

近年来，一些当代艺术家主动地将观念性艺术与城市户外空间结合，以装置的方式构建个性化的情景空间。如：西野达郎创作的《战争与和平之间》、《鱼尾狮酒店》等。在《战争与和平之间》（图 75）中，艺术家将悉尼某艺术馆外的两尊纪念性雕塑进行空间围合与场景设置，改变了大众对于经典雕塑的观赏方式的同时，赋予了观者截然不同的视觉感受，旨在将经典纪念性雕塑从人们“过于熟悉而无视”的状态中拯救出来。在《鱼尾狮酒店》（图 76）中，作者围绕着新加坡标志性雕塑鱼尾狮搭建起豪华型酒店房间，极具现代意味的红色外观以城市新景观的面貌闪现在人们的视线中。同时大众也在非同寻常的内部造景空间体验中感受着荒诞、冲击与震撼，整个作品凸显出新加坡的旅游文化与城市精神。

75 《战争与和平之间》，西野达郎，澳大利亚悉尼。

76 《鱼尾狮酒店》，西野达郎，新加坡。

四、公共设施

“公共设施”在英语中译为“Street Furniture”，有“街区家具”之意。如果将城市广场比作城市的客厅，将城市街区看成是城市的房间，那么“公共设施”则代表着客厅与房间中的“特色家具”或“主题陈设”。广义地说，公共设施一般指城市广场、街区、道路、公园、绿地、建筑等公共环境空间中，具

备特定实用功能与艺术美感的人为构筑物。狭义地说，公共设施是包括休息、交通、照明、服务和娱乐等具有公共性与艺术性的城市设施。

77《奇妙的汽车》，维多亚康西，东京立川街区。

78《雨中消失的椅子》，吉冈德仁，东京六本木街区。

79《只将爱》，内田繁，东京六本木街区。

在城市之中，街灯、路牌、垃圾箱、报刊亭、橱窗、候车亭、公共座椅……这些看似平常的公共设施已经成为城市景观的重要组成部分。人们在使用这些公共设施的同时，能充分感受到设计者的功能考量与人文关怀，它们的存在成为了大众日常生活与城市环境之间的有机连接。可以这么说，“通过与人的和谐相处，公共设施使得城市空间因此变得更加怡人，从而加强了人与环境之间的沟通，促进了城市与人的共生关系，因此，城市公共设施的品质将直接关系到城市环境的整体质量”。[16] 当代公共设施的设置除了强调设施本身的功能性与实用性之外，更加关注的是公共设施作为公共空间艺术构筑物的复合意义，其特征就是不断融入艺术性、人文性、科技性、实验性和互动性，使之与城市、公众之间产生多重的公共关系。当代公共设施既是地域文化的印迹与创造，更是公众审美、生活品位、城市风格和时代精神的综合表达。

1. 公共休息设施

公共休息设施一般是为了人们的休憩、停留、交往、游戏或观赏而设，主要包括桌、椅、凳、遮阳伞、凉亭等单体元素或多种复合形式的设施。当代公共休息设施无论是构思、造型、色彩、材质都有了全新的突破，作为一种精神符号，它完全地融入大众的日常生活中。

杨·盖尔在《交往与空间》中曾谈道：“所有有意义的社会活动、深切的感受、交谈和关怀都是在人们停留、坐着、躺卧或步行时发生的……改善一个地区的户外环境质量，比较简单且最好的做法就是创造更多、更好的条件使人们能安坐下来，良好的休息设施将是公共空间中许多最富有吸引力的活动开展的前提（图77、图78）。”[17] 艺术家内田繁为东京六本木新城所创作的《只将爱》是一个别具一格的公共座椅。其造型如同轻盈舞动的红色波涛，非常抢眼。据悉，该作品是艺术家根据自己常听的一首爵士乐《只将爱》的旋律创作而成（图79）。

小贴士

六本木新城

2003年建成的六本木新城将大体量的高层建筑与宽阔的人行道、露天空间交织在一起，具备了居住、办公、娱乐、学习、休憩等多种功能，是一个超大型复合性的当代都会地区，并以展现艺术、景观、生活为发展重点。六本木新城以森大厦为中心，著名的森美术馆就位于该大厦顶楼（54层）。六本木新城与东京新宿、立川市的城市公共艺术都极具当代性。

16 李维立，《英国公共设施的形与色》，百花文艺出版社，2008年，前言。

17 〔丹麦〕杨·盖尔/著，何人可/译，《交往与空间》，中国建筑工业出版社，2002年，第75页。

IBM 公司遵循“smart ideas for smarter cities（奇思妙想打造智慧城市）”的理念将传统的户外广告与长凳、雨棚等相结合，为市民提供了一系列充满创意的公共休息设施。同时，也表现出设计师对于人性的思考和关爱（图80）。

2. 公共照明设施

公共照明设施是指用于各种场所、活动的夜间采光和环境装饰的照明灯具与设施，可分为装饰照明、道路照明和景观照明。公共照明设施具备情绪调节、空间塑造的能力，也能为大众营造出一种全新的空间感受（图 81）。

当代公共照明设施很多时候构思奇妙，通常在满足了功能照明需求的同时，更加以一件独具创意的公共艺术作品的姿态在城市空间中展现。如：位于耶路撒冷瓦莱罗广场的景观照明设施就大胆地将花的元素与可充气装置融入设计，进而让灯源的开关与花的开合紧密相关，创造出极具科技感和视觉冲击力的当代公共照明设施（图 82）。

3. 公共服务设施

公共服务设施是指电话亭、书报亭、垃圾箱、自动售卖机等为人们提供通信、卫生、便利和服务的公共设施。尽管大部分的公共服务设施体量小、占地少，设计师们仍能在这方寸之地上融入公众需求与创意元素，在美化环境的同时，提升人们的生活品质（图 83、图 84）。

⑧⓪ IBM 个性户外广告设施。

⑧① 《誓约》，丹尼斯 · 奥本海姆（Dennis Oppenheim）
该道路照明设施将钻戒的造型与照明功能巧妙地结合起来，成为城市中一道奇丽的夜景。

⑧② 耶路撒冷瓦莱罗广场景观照明。

83 绿色电脑充电亭，法国巴黎。

84 免费迷你图书馆，美国纽约。

85 哈特作坊游乐场，具有广泛空间参与性的公共娱乐设施。

4. 其他公共设施

除了以上几种公共设施，还有公共道路设施、公共交通设施（铺装、坡道、指示牌、防护栏）、公共娱乐设施等。总体来说，当代公共设施设计形式更加多元，美感与都市感更强。设计师力求有效地利用周边环境，努力做到改造有度，和谐统一。此外，当代公共设施设计不仅给人们的生活带来了便捷和舒适，更通过精心设置出共享参与化的艺术空间，充分彰显当代城市的文化特征与精神气质（图 85）。

五、网络虚拟艺术

在若干年前，数字与虚拟的概念对于大多数人来说还是比较陌生的。但是，随着信息网络的日趋成熟，人们从日常生活到社会应用都发生了翻天覆地的改变，时事资讯、网络购物、线上交友和娱乐消遣已经成为现代人生活的一部分，互联网几乎无所不在。

86

87

小贴士

Q：为什么网络虚拟艺术属于公共艺术？

A： 公共艺术的价值体现在公众参与和交流，而具有传播优势的网络艺术同样具备“大众性”、“交互性”、“公共性”的特征。网络虚拟艺术是公共艺术创作的当代外延拓展，它使得公众参与从现实空间延伸至虚拟化网络空间，作品的网上展示与观众的网上互动成为不可分离的共生结构。从某种意义上来说，网络虚拟艺术是具有文化传播特征的当代公共艺术。

(86) 谷歌艺术计划——虚拟展馆 360° 全景展览。

(87) VR 虚拟眼镜。

网络的进步必将助力艺术的发展，网络虚拟艺术也应运而生。2011 年 2 月，国际搜索引擎巨头谷歌公司推出了谷歌艺术计划（Google Art Project），将世界上 17 家著名美术馆和博物馆的 3D 展厅搬上网络，为艺术品的数字化采集与网络展示开启了新的一页（图 86、图 87）。

网络虚拟艺术将展厅置于网络虚拟空间，让更多的观众可以通过互联网浏览的便捷方式欣赏到世界各地的作品或展览。它不受时间的限制，美术馆不必因夜晚来临而闭馆，展览也不必因展期结束而撤展；它不受空间和地域的限制，身在地球任何角落的人们都能够观看和参与展览，真正实现了“永不落幕的展览”的核心理念。

网络虚拟艺术是一个基于“人机共生”关系而产生的虚拟世界，它融合了艺术、设计与科技，包含了“电脑数码艺术”与“虚拟艺术展览”等范畴。数字化与虚拟技术将协助艺术家进行创作和展示，同时，其独有的网络沉浸式交互体验与线上线下的综合互动方式对推进当代公共艺术的多样化发展与创新有着积极而又重大的意义。

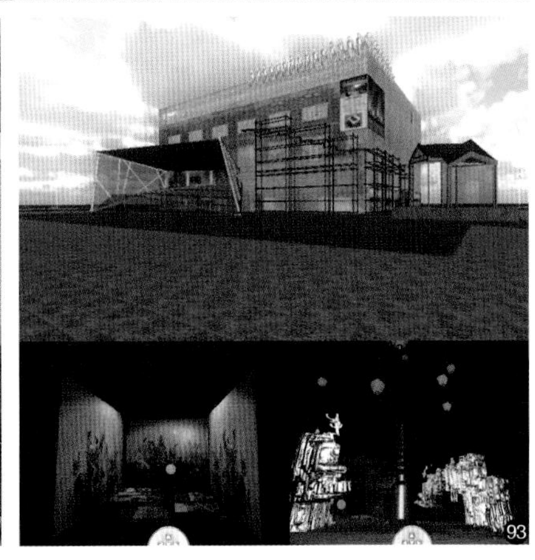

88 数码雕塑作品。

89 虚拟场景作品。

90 Missonize Milan，数码照片合成。

91 运动的张力，大型装置艺术展，今日美术馆。

92 运动的张力，隋建国虚拟展，今日美术馆。

93 虚拟威尼斯——首届国际虚拟大展，今日美术馆。

小贴士

网络虚拟空间展示的优势

首先，展出的作品全部以数字化呈现，没有任何被盗的风险，甚至还省去了昂贵的保险费。其次，作品的细节可以放大观看。同时，详细的文字与背景资料有助于观众全面了解作品的综合信息。

1. 电脑数码艺术

电脑数码艺术属于网络虚拟艺术的创作阶段，其与传统艺术有所不同的是，它不再局限于传统的具有自然属性的实体材料，而是利用电脑软件与数字化技术（如：3DMAX、MAYA、ZBRUSH、POTOSHOP 等）将创意进行建模、渲染与虚拟转换（图 88、图 89、图 90）。其优势在于能够以较低的成本模拟构建出逼真而又超前的艺术形象与场景空间，并且以一种人工智能的力量创造出一种前所未有的艺术体验，它不单为设计提供了更多的可能性，其创作过程中的预判性、超验性、引领性、探索性也非常突出，是一种时尚的艺术形式。

2. 虚拟艺术展览

当下，不少当代艺术家利用网络虚拟艺术的优势，大胆地将许多不可能在美术馆实现的艺术设想转化为体验极致的数字化作品，并通过举办虚拟化的艺术展览进行呈现。

2009 年 9 月，著名当代雕塑家隋建国先生曾打算在北京今日美术馆举办名为“运动的张力”大型装置艺术展，计划通过几个巨型铁球的移动在美术馆中呈现出一个复杂的动力循环系统。最终，由于作品体积、场馆空间、观展安全性等问题，想法未能实现。为了弥补这一遗憾，时隔一年之后，由今日数字美术馆 3D 虚拟现实团队制作的“运动的张力——隋建国虚拟展”正式上线，观众可以通过互联网置身于今日美术馆的 3D 虚拟还原场景中，使用键盘和鼠标以游戏的方式游览和感受铁球的动力循环，并可参与作品的点评与互动（图 91、图 92）。

2011 年 5 月，由著名策展人黄笃先生策划、今日数字美术馆制作的首届国际虚拟大展“虚拟威尼斯”，率先于 54 届威尼斯双年展期间登陆今日数字美术馆官网，并面向全球观众开放。展览以中国馆为虚拟空间，再造了一个与现实截然不同的虚拟展览。观众们可以使用键盘和鼠标随意地在虚拟空间里穿梭，观看艺术家杨千、陈文令、钟飙等人的艺术作品（图 93）。

此外，网络虚拟艺术作品与大众之间的交流经由网络来联系完成。透过线上展览和互动，可以吸引更多的年轻人关注和参与到某个共同议题中来。甚至有时，艺术家的网络作品由大众的网上参与共同完成。艺术家们将借助这个虚拟空间创作出更多别具一格的艺术作品，以更加迅捷的方式传播，打造更为时尚的大众文化。

六、地景艺术

“地景艺术”又称大地艺术（Earth Art），是指艺术家以广袤的大地为创作对象，以大自然的元素为创作素材，创造出的一种艺术与自然浑然一体的视觉化艺术形式。

地景艺术于 20 世纪 60 年代末在美国开始盛行并逐渐扩展到世界各地。沃尔特·德·玛利亚（Walter de Maria）（图 94）、罗伯特·史密森（Robert Smithson）（图 95）、米歇尔·海泽（Michael Heizer）、克里斯托夫妇（Christo and Jeanne-Claude）、理查德·朗（Richard Long）、丹尼斯·奥本海姆等艺术家开始反思过度发展的工业对自然生态的无情破坏，呼吁人们关注生存的环境，重返自然，同时也以一种美式的“荒野精神”和豪情壮志创造出无数令人叹为观止的作品。如今，安迪·高兹沃斯（Andrew Goldsworthy）、西蒙·贝克（Simon Beck）、吉米·丹纳文（Jim Denevan）、斯坦·赫德（Stan Heder）等艺术家依旧坚持传统地景艺术的创作方式，是当代地景艺术的主要代表人物（图 96、图 97、图 98）。

最初的地景艺术具有反工业和反商业的美学倾向，是一种乌托邦式艺术表达。但终因其远离城市与现代文明的立场使之难以为大多数人所接近和体验，从而失去了其重要的艺术特征和广泛的受众基础，最终还是不得不回到画廊中用间接的方式（照片、视频、设想图、模型等）来展示。因为饱受争议与质疑，它逐渐淡出了艺术的主流并开始发生转向。但事实上，地景艺术中的生态主义精神（图 99）、时空共享创作理念都在当代城市景观、园林与公共艺术中得到

94 闪电原野，沃尔特·德·玛利亚，美国新墨西哥州。

95 时空螺旋，罗伯特·史密森，美国犹他州盐湖。

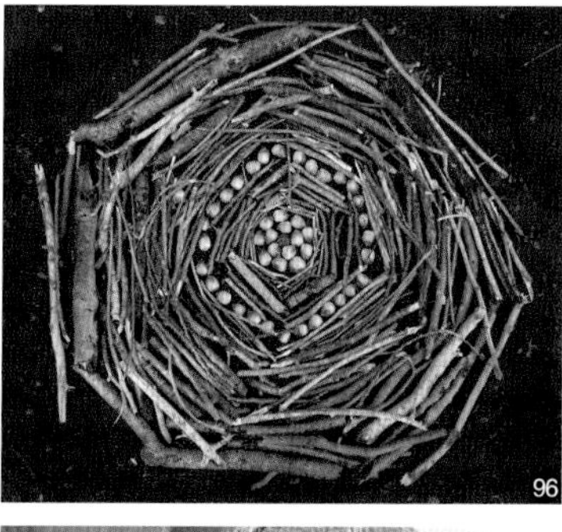

96 森林地景系列，安迪 · 高兹沃斯。

97 海滩沙绘系列，吉米 · 丹纳文
作品融入了自然，甚至成了自然本身，呼吸间伴随着自然的生息而消亡。

98 路易斯雪山系列，西蒙 · 贝克
艺术家在加拿大班夫国家公园依靠指南针和雪地靴行走了十多个小时完成的冰雪巨作。

99 帕特里克 · 多尔迪（Patrick Dougherty）
该艺术形式从属于生态艺术，被定义为巢穴艺术，是地景艺术中的生态观念的当代延伸。

100 锐步 CrossFit 联手伦敦艺术家创作的世界最大三维地景画 。

101 空中大地女性肖像，罗德里格斯 · 格拉达。

了延续和发展。当下，一些地景公共艺术家选择回归城市，以共享参与的理念创作出具有互动性、观念性的城市性地景公共艺术作品，在城市与大众之间演绎着当代地景艺术强大的艺术感染力。而许多景观设计师则尊重自然规律，倡导场地的自我维持、物质与能源的循环利用，将可持续发展等生态思想贯穿于园林景观的设计、建造和管理的始终，为人们营造出环保、宜居的城市空间。

1. 互动观念性城市地景艺术

近年来，很多地景公共艺术家在城市中创作出极具互动性、观念性与视觉性的地景艺术作品。如：锐步 CrossFit 联手伦敦艺术家创作的世界最大三维地景画（图 100）。此外，受女权组织“mama cash”的委托，美国当代艺术家罗德里格斯 · 格拉达（Rodriguez Grade）在城市的空地上描绘了一张无名的中美洲女性的脸（图 101）。这件约为两个足球场大小的作品旨在向女性致敬，并作为一项保护运动来抵制对女性的迫害。

2. 生态性城市景观设计

当代景观设计师不再停留在花园设计的狭小天地，他们开始介入到更为广阔的城市空间与环境设计领域，在城市中构建一系列宜人的生态地景。如：爱丁堡丘比特大地艺术园就是一个以“生命细胞”为主题的，充满几何流体形态的大地生态园区（图 102）。

102 丘比特大地艺术园，苏格兰爱丁堡。

103 欧洲证券交易中心“水之镜”广场，克莱尔、米歇尔，法国波尔多。

104 高线步道空中公园，美国纽约。

法国景观设计师克莱尔（Claire）和米歇尔（Michel）为波尔多欧洲证券交易中心设计的“水之镜”广场也是非常有代表性的城市地景，设计师以生态环保理念为中心，借鉴了玻利维亚盐湖的概念，利用可循环系统与喷淋装置营造出奇妙的湖面效果与云雾幻象，让人印象深刻（图 103）。

此外，许多当代景观设计师以一种社会责任感对城市工业废弃地进行高度关注，他们对于罗伯特 · 史密森的“艺术可成为调和生态学家和工业学家的一种资源”的主张高度认同，通过优化设计与改造后，引发人们对于生态问题和社会问题间的深刻思考。

如纽约高线公园就是将曼哈顿的一条废弃的工业铁轨进行空间设计和改造而成的线性空中花园（图 104）。设计师选择在不破坏史迹的基础上尊重自然规律，以优化的理念将其打造成集生态、文化、休闲、旅游、艺术等综合一体化的城市新景观。

七、公共艺术活动

公共艺术活动是政府部门、艺术机构、策展人和艺术家等有计划、有部署地在公共空间领域开展、实施多样化的公共艺术创作与活动，将公共艺术作为一种社会福利和市民活动推广到城市空间的综合性艺术形式。

小贴士

特拉法加广场

英国伦敦著名广场，是市民政治、文化活动的中心。该广场为纪念特拉法尔加海战英军战胜法军而修建。广场中央耸立着英国海军名将纳尔逊的记功柱，柱底由四只巨型铜狮守卫，柱基为 1805 年海战记录的青铜浮雕。位于西北角的“第四基座”曾建于 1841 年，本打算用来安放英王威廉四世的骑马像，但由于当时资金缺乏，所以基座一直空置。

一个成功的公共艺术活动可包括艺术计划、作品展示、艺术行为、活动推广、公众参与等重要环节。它对城市的社区、广场、街道等不同区域起到空间美化和调节作用。

同时，它的艺术影响力将促进区域文化、公共意识、公共精神在公众中萌发生长。它的艺术效应将以“润物细无声”的精神随着时间的推移慢慢显现，遍及每个角落，渗透进每个市民的公共生活。

总体来说，“公共艺术活动”的开展形式多样，虚实皆可，对其进行精准的分类和界定尚存很多的可能性。笔者在此将其分为公共艺术巡展与传播、社区公共艺术计划与实践、城市公共艺术节等。

1. 公共艺术巡展与传播

公共艺术巡展的创作角度大多是大众所关注的社会热点及公共事件，并常以计划性的、区域性的方式展开，以最大的广度和深度传递艺术家的公共思考。它侧重于艺术家的个人思想与气质，但又有别于纯粹意义上的当代艺术或观念艺术。它建构在大众欣赏和共享的范畴之上，是当代艺术与公共艺术推广的有机结合。

特拉法加广场四周的石像基座中三个已树立了历史名人雕像，只有西北角的第四个基座空置了 150 年。1998 年，伦敦市长专门成立了“第四基座委员会”，并在最近的 18 年里征集并轮流展示非永久性当代艺术作品。“第四基座”不仅为伦敦营造出丰富的当代视觉文化，更重要的是作为当代艺术、城市文化与市民生活的起搏器，让大众在参与作品讨论的同时，真正融入到公共空间与社会生活中来（图 105）。

2008 年 10 月 18 日，由法国艺术家保罗 · 格朗荣（Paulo Grangeon）创

105 第四基座

左:《怀孕的爱丽森 · 拉珀》，马克 · 奎恩（Mark Queen），该雕塑作品旨在歌颂身体的残疾与女性的伟大。

右上:《一个和其他》，安东尼 · 葛姆雷，该作品以行为艺术的方式，每天每隔一小时就有一个普通公民出现在“第四基座”上当雕像。

右下:《公鸡》，卡塔琳娜 · 弗里茨（Katharina Fritz），巨型的蓝色公鸡雕塑象征了再生、觉醒和力量。

作的名为“城镇里的 1600 只大熊猫”纸制装置作品被放置在巴黎战神广场。这是由世界自然基金会（WWF）发起的一个世界性、计划性的公共艺术巡展（图 106、图 107、图 108）。从 2008 年至 2015 年间，其相继在巴黎、波尔多、日内瓦、法兰克福、香港、曼谷等地举办，旨在呼吁人们关注和重视野生大熊猫这一珍稀濒危的物种，并提醒人们保护赖以生存的自然环境。

2. 社区公共艺术计划与实践

艺术“以人为本”的理想终端是社区，所以社区是公共艺术最重要的承载场所之一。社区公共艺术改变了艺术创作的精英取向，让艺术广泛地融入最基层民众的生活，出现了更多强调自主、自助或自力的改造计划与营造模式，扩展了普通市民参与环境建设的可能性。

叶蕾蕾女士的“公共艺术进社区计划”遍及全球，从卢旺达到台湾再到北京，她渴望用艺术建立起原本属于社区居民的自信，并为城市和谐与世界和平做出

106 城镇里的 1600 只大熊猫，保罗·格朗荣，法国巴黎战神广场。

107 城镇里的 1600 只大熊猫，保罗·格朗荣，法国波尔多。

108 城镇里的 1600 只大熊猫，保罗·格朗荣，香港保育园。

109 从环境到心灵的转换工程——中国北京大兴蒲公英中学改造，叶蕾蕾
叶蕾蕾女士用行动证明好的公共艺术拥有"塑造心灵，改变世界"的力量。

110 奥摩罗——巴西里约热内卢桑塔 · 玛尔塔社区改造，库哈斯、乌尔哈恩。

自己的贡献。"北京大兴蒲公英中学改造计划"就是叶蕾蕾女士为北京首家非营利性中学所做的公共艺术计划与改造。设计灵感来自学生美术作业中缤纷的色彩，并借鉴了马赛克镶嵌壁画和剪纸艺术风格进行创作（图 109）。

整个工程没有专项资金，讲求因地制宜，校园所有的墙壁就是整个转换计划中的"画布"。2006 年至 2009 年的 4 年时间里，全体师生与艺术家共同努力，创造了一个独一无二的学习环境。在参与实践中，学生的想象力被唤醒，自尊心与凝聚力得以增强，独特的艺术改造方式也为学校迎来了新的发展契机。

2010年，由艺术家库哈斯（Koolhaas）、乌尔哈恩（UhlHahn）领导的桑塔 · 玛尔塔社区公共艺术改造项目是近年来较为成功的案例之一（图110）。该项目前期由艺术家募集资金并完成手绘设计稿，然后发动当地居民积极参与彩绘他们自己的房子。改建完成的《奥摩罗》色彩绽放，给人愉悦与希望之感。居民们在一笔一画中找回了对于社区的自豪感与主人翁意识。该项目作为抚慰人心的社区公共艺术尝试，还收获了可观的旅游效应。居民们靠双手为自己争取到了生存与发展的机会，用实例证实了公共艺术的社会价值。

3. 城市公共艺术节与活动

从远古的人类聚集特征来看，每一个城市都有属于自己的节日与庆典，特色类文化活动必不可少。随着城市公共艺术的理念逐步深入人心，许多特定区域形成了特色鲜明的主题性公共艺术节与庆典活动。在市民的感受与参与中，全面推动城市文化与公共艺术的传播。

111 感染的城市——创意开普敦公共艺术节。

112 寂静天空系列，罗伯 · 斯维尔，荷兰户外戏剧节。

“感染的城市”是南非开普敦市举办的充满活力与创新的公共艺术节，主办方旨在通过广泛的艺术形式来营造出一个持续开展的艺术欣赏与教育推广的平台，用当代的方式培养艺术新观众与增强社会凝聚力（图 111）。艺术节中有一个“艺术你好”的艺术周课程，该项目共吸引 600 位市民参与学习体验。共同讨论如社会政治、文化动力、生存环境、视觉与表演艺术、公共艺术等多领域的问题。各种艺术团体、艺术家、公众在艺术节的参与、互动、交流中受益匪浅。

在荷兰户外戏剧艺术节中，德国艺术家罗伯 · 斯维尔（Rob Sweere）在海边堆起了环形的沙丘，2000 多位老人、年轻人、儿童躺在沙丘之上，在长达半小时的绝对沉默中融入自然，思考人生，感受生命（图 112）。当前城市公共艺术节的策划与开展，已经成为打造当代城市品牌和提升城市影响力的重要方式之一。

课堂思考

1. 请对你最感兴趣的公共艺术设计类型、案例、艺术家展开深入思考与论述。
2. 简述公共雕塑与公共艺术之间的关系。
3. 如何看待公共艺术活动这一全新的公共艺术形式。
4. 简述当代公共艺术设计与创作的社会意义。

Chapter 4

公共艺术设计的观念与呈现

一、公共观念……066

二、场所精神……070

三、大众审美……072

四、城市文化……076

学习目标

通过本章节的学习，学生认识到公共艺术并非艺术家或设计师个人观念的自由表达，应明确个人观念表达与作品呈现与公共观念、场所精神、大众审美、城市文化等公共艺术核心观念之间的关系，并初步建立公共艺术创作观念取向与价值判断标准。

学习重点

1. 公共观念是公共艺术形成并能够持续发展的核心概念，然而它的内涵并非是一成不变的。
2. 公共艺术与建筑一样需要明确地感知场所精神的存在，这样才能帮助人们认定“场所”，获得认同感和归属感。
3. 公共艺术设计需要考虑大众审美趋向。
4. 公共艺术设计需要将城市作为主要的创作场域，就不可避免地要将城市文化作为创作和设计的基石。

公共艺术设计不仅是艺术设计范畴内的概念，也是公共文化范畴的概念。与我们通常所理解的“追求美”的艺术设计相比，它具有更复杂的语境，会受到空间形态、公众意识、委托方等诸多方面的限制和影响。因此，公共艺术的设计工作也不可能任由艺术家或者设计师们天马行空自由发挥，它常常是设计师（艺术家）在综合理解公共观念、场所精神、大众审美、城市文化等各种影响因子之后的艺术化呈现。

一、公共观念

公共观念是公共艺术形成并能够持续发展的核心概念，然而，它的内涵并非是一成不变的。在谈到艺术的公共性起源的时候，大家很容易想起古埃及的大型墓葬艺术狮身人面像，或者古希腊的帕特农神庙雕塑，不可否认，在某种程度上，这些彰显皇权或宗教神权的纪念碑和建筑物，带有为普通人提供膜拜形象的公共属性。但这种以特权阶层的意识形态为基础的“公共性”与我们现在所谈的以公民意识为基础的“公共观念”并不相同。

现代“公共观念”的起源应该追溯至 18 世纪启蒙运动和资产阶级的兴起，当艺术不再像过去那样完全依附于宗教、皇权或贵族，艺术家开始以创作者的身份出现，艺术才获得了自身的审美权利，也正是这个时候，艺术才开始了它

113《苏军烈士纪念碑》，卢鸿基，大连。

的“现代化”进程。

18 世纪到 20 世纪，百花齐放的自律性的艺术形式为普通大众制造了极其丰富的审美体验，这在 14、15 世纪是不可想象的。虽然后期过于“孤芳自赏”的抽象艺术常被批评是“过度精英化的艺术特权”，但这两个世纪以来，艺术家们所制造的多元化的视觉经验，事实上为审美公共性的发展提供了可能。甚至，直到今天这些来自浪漫主义、现实主义、立体主义、未来主义、抽象表现主义的基因依然根植于现在的公共艺术作品之中。

第二次世界大战之后，随着大众文化的兴起，社会文化语境的后现代转变，精英化的现代主义审美被大众的通俗文化意识所取代，艺术与生活的界限被打破。70年代，H.H.阿纳森在谈及20世纪六七十年代的艺术新动向的时候写道：“这是一个物体的世界，一个日常生活事件的世界，以此来作为创作活动的基本素材。”[18]

由此可以看到，这个时候的艺术创作并没有继续走有精英主义倾向的抽象形式，而是回归到“物”本身，然而，对“物”的关怀，其实就是对“物”背后的日常生活形态和意识的关怀。这时，艺术不再是远离生活现场的精神产物，也不是某些精英贵族手中的玩物。它开始融入日常生活，并开始产生了改造日常生活的雄心壮志。从这个时期产生的观念艺术、行为艺术、波普艺术、环境艺术中都可以看出“公共意识”的影响。正是在这种背景下，美国政府成立了著名的“国家艺术基金会”，并制定了一系列政府支持的艺术计划，“公共艺术”的概念、内涵和实施策略也逐渐形成完善。

公共艺术作为发生在公共空间中的艺术形式，它们常常是由政府、企业发起或赞助建设的，这就决定了公共艺术创作与艺术家纯粹的个人创作在方法上有很大不同。创作中，艺术家的艺术风格、创作冲动常常与政治意识形态、大众集体记忆、出资方的审美要求、长官意志之间发生矛盾。其中的角力常常有三种情况：

1. 第一种情况

政治意识形态或出资方意志占上风时，艺术家的个人风格和公众的诉求都会被搁置。很多城市主题雕塑和纪念碑即是如此，对它们而言，首先应该是国家或某个区域正确价值观的象征物，然后才需要考虑它的审美取向和艺术风格。也恰恰是由于它们强大的象征能力，才成为了公共观念的集合。大到象征国家精神的美国《自由女神像》（图 114）和《人民英雄纪念碑》（图 115），小到象征某个公司企业文化的各种“腾飞、奋进”雕塑（图 116)，它们都是通过建构一个具体的视觉形象来象征或强化某种集体意识形态，这时的艺术家或者设计师的目的几乎是不重要的。

小贴士

在我国这种以象征国家或集体意识的城市雕塑并不少见，建国初期苏联风格的各种“中苏友好纪念碑（图 113）”，“文革”期间创作的表现革命斗争精神的广场雕塑，改革开放以后呼应“建设四个现代化”主题的不锈钢雕塑等等都是当时的政治意识形态影响下的产物。

18 〔美〕H.H. 阿纳森 / 著，巴竹师、邹德侬、刘珽 / 译，《西方现代艺术史》，天津人民美术出版社，1994 年，第 675 页。

2. 第二种情况

某艺术家或者设计师的艺术风格已经被广泛认可之后，其作品被出资方从美术馆直接转移到公共空间。比如七八十年代我们可以看到大量的毕加索、考尔德、亨利·摩尔（Henry Moore）（图 117）等大师的现代主义作品被安置在城市公共环境中。这时，艺术大师的名气和声望成为这件作品是否被选择的重要依据。这些现代主义大师的作品与现代建筑在风格上一脉相承，容易和谐相处。但除了装饰之外，它们实际上还承担了公众的审美教育的职责。以尊重公民身份为前提的公众审美教育也是美国国家艺术基金会发展公共艺术的重要初衷。

3. 第三种情况

一种较为理想的情况，即需要在出资方、艺术家和公众之间互相平衡。艺

114《自由女神像》，美国
该雕塑全名为“自由女神铜像国家纪念碑”，正式名称是“照耀世界的自由女神”，是法国在 1876 年赠送给美国的独立 100 周年礼物，自由女神像坐落于美国纽约州纽约市附近的自由岛，是美国重要的观光景点。

115《人民英雄纪念碑》，北京
该纪念碑意义重大，是新中国成立后首个国家级的公共艺术工程。

116 以“腾飞、奋进”为主题的城市雕塑。

117 亨利 · 摩尔作品。

术家在创作手法上推陈出新，但从主题上贴近公众生活，让公众能容易进入作品语境。出资方成为沟通平台和组织平台，而不是意识形态的给予者。公众不仅仅是观众，更可以是参与者。

例如美国波普艺术家克莱斯·奥登伯格（图 118）早在 70 年代就开始了一系列尝试，他用某种富有幽默的方式改造日常生活的物体，夸张、变形、放大，它们与生活中人们习以为常的事物相比，既是那么像，却又有疏离感。被放大的物提供了敏感的参照，制造与公众日常经验的反差，从而营造幽默诙谐的艺术效果。

另外由加泰罗尼亚艺术家约姆·普朗萨（Jaume Plensa）设计的《皇冠喷泉》（图 119）是芝加哥卢普区千禧公园内非常有名的作品。这件互动公共艺术作品由一个高 15.2 米的立方体和一个黑花岗岩倒影池构成。立方体表面的 LED 屏幕交替播放着代表芝加哥的 1000 个市民的不同笑脸，同样是纪念碑的形式，但亲民的主题让它广受欢迎。

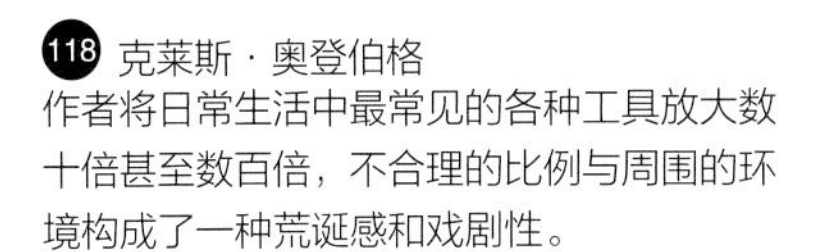

118 克莱斯·奥登伯格
作者将日常生活中最常见的各种工具放大数十倍甚至数百倍，不合理的比例与周围的环境构成了一种荒诞感和戏剧性。

119 《皇冠喷泉》，约姆·普朗萨
该作品坐落于芝加哥千禧公园，是著名的互动公共艺术作品。

二、场所精神

场所精神（Spirit of Place）的概念可追溯至古罗马时期的“地方保护神”（Genius Loci）之说。古罗马人认为，所有独立的本体，包括人与场所都有其“守护神灵”陪伴其一生，给予其生命，同时也决定其特性和本质。20世纪70年代，诺伯舒兹（Christian Norberg-Schulz）受到胡塞尔现象学影响，在《场所精神——迈向建筑现象学》一书中阐明了“场所”（Place）的概念。

“‘场所’代表什么意义呢？很显然不只是抽象的区位（location）而已，我们指的是由具有物质的本质、形态、质感及颜色的具体的物所组成的一个整体。这些物的总合决定了一种环境的特性，即是场所的本质。”他之后又进一步解释道，“一般而言，场所都会具有一种特性或‘气氛’。因此场所是定性的。”[19]

后来，“场所”和“场所精神”这两个建筑现象学中的核心概念极大地影响了后现代主义城市设计思潮，后者以“场所精神”为核心所追求的有个性的、有“认同感”的建筑规划方式，很大程度上符合了物质文明高度发达后被城市孤立的人们重新寻求诗意生活的愿望，得到了众多建筑师和城市设计专家的支持。在诺氏的论述中“场所”并不仅仅是空间，也包括了“土地”（LAND）和“脉络”（CONTEXT），是由具体现象组成的生活世界。

因此，城市并不是只是地表的构筑物，而应该包括其背后所隐含的历史、传统、文化、民族等一系列脉络。人和空间是无法分割的，他还形象地比喻这种关系“恰像蜘蛛与它的网一般，每一个主体编织着其自身与客体特殊性质之间的关系，而后把这些股丝编织在一起，终了即可完成主体决然存在的基础”。[20]

“场所精神”是来隐喻“场所”中深层次的、较难把握的特征的，诸如“气氛”和“情趣”等，而这种特征正是场所独特魅力的所在。它是一种总体气氛，让人们的意识和行动在参与过程中获得“方向感”和“认同感”。他还更进一步地认为，建筑师的任务就是创造有意味的场所，帮助人们栖居。这一点与海德格尔不谋而合，海德格尔认为建筑与大地、天空、神圣者和短暂者有着密切的关系，四者相互统一成为一个整体，建筑由此而获得意义。

公共艺术与建筑一样需要明确地感知场所精神的存在。当人们将这种场所精神具体化为建筑物时，人们能够“有意味的居住”，而将其融入公共艺术作品时，同样可以帮助人们认定“场所”，获得认同感和归属感。“归属感、共同体验的积淀，以及与一个地方相连的文化形式是一个地方文化的核心概念。”[21]

19 ［挪威］诺伯舒兹/著，施植明/译，《场所精神——迈向建筑现象学》，华中科技大学出版社，2010年，第7页。

20 ［挪威］诺伯格·舒尔茨/著，王淳隆/译，《实存·空间·建筑》，台隆书店，1985年，第172页。

21 ［英］迈克·费瑟斯通/著，杨渝东/译，《消解文化——全球化、后现代主义与认同》，北京大学出版社，2009年，第127页。

120 德国哲学家E·胡塞尔。

小贴士

胡塞尔的现象学（Husserl's Phenomenology）

由德国哲学家E.胡塞尔（图120）倡导的一种哲学流派。是一种通过直接的认识来描述现象的研究方法。他认为本质直观在此先于本质抽象而发生，对象在认识中构造自身。他的方法影响了海德格尔关于“存在”问题的讨论，也间接成就了建筑现象学中关于“场所”的思考。

事实上，早在 20 世纪 60 年代，大地艺术就开始了将艺术融入自然场所的尝试。他们将自然场所作为艺术创作的神启和灵感来源，他们认为作品需要根植特定的场所，才能建构起与宇宙或世界中那不可见部分直接沟通的路径。虽然，大地艺术从极少主义那里继承的艺术理想，让它更执着于纯粹的艺术情怀而反感消费文化。用现在的公共艺术的概念来说，很多大地艺术家的作品很难被归为公共艺术作品。但大地艺术将环境、场所和过程结合进艺术创作的实践，在观念上和形式上都对公共艺术产生了重要的影响。

我们熟悉的大地艺术家克里斯托夫妇曾经完成了公共艺术历史上里程碑般的作品《包裹德国国会大厦》（图 121）。在他们的《包裹岛屿》、《包裹海岸》以及《包裹德国国会大厦》等一系列创作中，我们可以看到场所的能量，“包裹海岸”呈现的是人类面对自然时的狂想和诗意（图 122），而《包裹德国国会大厦》则充满了政治意味，场所精神的差异让他们的“包裹”行为呈现出迥然不同的视觉效果和文化内涵。

121《包裹德国国会大厦》，克里斯托夫妇
1995 年，美国艺术家克里斯托及其夫人珍妮·克劳德一起完成了一件轰动世界的作品，在作品展出的短短两周里，这座已包装起来的国会大厦，总共吸引了 500 万观众，大厦前广场上人山人海，络绎不绝。柏林的旅馆被订购一空，许多年轻人干脆带着睡袋，在草地上过夜。

122《包裹悉尼海岸》，克里斯托夫妇。

从公共艺术的角度来看，作品放置的所有公共空间都是场所化的，并不是美术馆般的“白盒子”（White Cube）。美术馆是要将所有作品与它原本发生的生活世界隔离开来，将审美体验空间与日常体验空间隔离开来。而公共艺术却恰恰相反，它既要建构自身的观看空间，又要与公共空间中的日常生活相处，在这里审美体验和日常经验高度重合、共生。因此，在不同的场所，艺术作品的能量也就完全不同。

比如克莱斯 · 奥登伯格为 Chinati 基金会制作的一件作品《最后一匹马的纪念碑》，它制作完成之后被放置在纽约市西格拉姆大厦的广场上做过临时展出（图 123），很明显地，这个雕塑与周围的现代城市格格不入，只能被当作是一件造型都谈不上优秀的雕塑装饰品。

但是作品被放置到得克萨斯州以后一切都发生变化（图 124），粗糙的表面质感、古朴怀旧的色彩与当地的自然环境相得益彰，马蹄铁的造型让人立刻联想到豪迈自由的西部牛仔和他的马，这件作品俨然成了一座牛仔文化的纪念碑。

小贴士

19 世纪以后，标准的现代美术馆空间被称为“白盒子”，它一方面指的是纯粹、明亮、中性的空间构造，另一方面也指一种规范化的艺术展示和观赏制度，即把艺术作品与生活世界隔离开来，纯粹成为观看、膜拜、凝视的对象的展示制度。

三 、大众审美

大众文化的兴起是 20 世纪 60 年代以来一次重要的文化转型。在这次浪潮中，艺术走下审美自律性的神坛，开始更多地关注和参与现代生活、社会意识和大众文化。在这种背景下产生的公共艺术挑战了浪漫主义以来的天才艺术论的观念，公共艺术中的公共属性要求它不能只是艺术家的激情、灵感和自我意识的体现，而是需要面对公众并创作为公众所接受的艺术作品。

当然，这不是要求艺术家完全不作为，但公共空间中的艺术作品与私人领域的，或艺术家为自己创作的艺术非常不同，艺术家不能全然将个人审美或趣味强加给公众，应充分考虑公共审美，并将其进行艺术转化，是公共艺术家或

123《最后一匹马的纪念碑》，克莱斯 · 奥登伯格
该作品在纽约市西格拉姆大厦广场作临时展示。

124《最后一匹马的纪念碑》，克莱斯 · 奥登伯格
该作品在得克萨斯州原野作永久陈列。

125 理查德 · 塞拉，《倾斜之弧》被拆除场景。

者设计师必备的创作能力。

现代主义艺术自我定位为精英的“高级艺术”，与大众的“通俗艺术”泾渭分明，他们往往致力于发展遗世独立的个人风格，不顾普通观众的理解。完全精英化的审美观念阻隔了艺术与日常生活的联系，也影响了艺术表达与观众理解之间的关系。

在极简主义艺术大师理查德 · 塞拉的《倾斜之弧》（图 125）被移走的事件中，我们可以看出艺术家的个人风格与大众审美和日常需求之间的矛盾，尽管塞拉一再宣称这件雕塑就是为此处——纽约的联邦广场定制，依然无法改变它忽视了公众需求的事实。以至于在雕塑被移走之后他只有感叹“艺术不是民主，它不是供人民享用的”。

艺术或许不是民主的，但它依然可以供人民享用。在公共艺术的发展过程中，不乏艺术家个人风格与大众审美要求兼顾的成功案例。其中一种较为常见的方式便是搭建交流平台，充分考虑公众意见，或直接邀请公众参与。

台湾在 90 年代就出台了“艺术文化奖励条例”，鼓励艺术家参与公共空间中的艺术创作以提高民众的审美水平，并给出了一系列的执行办法。多年的完善，积累了不少成功经验。公众可以通过说明会、问卷、访谈和作品导览的方式发表意见和理解作品。位于台湾高雄的美丽岛捷运站 2012 年被美国旅游网站评选为全世界最美丽 15 座地铁站的第二名，这里有一件著名的公共艺术作品《光之穹顶》（图 126）。

作者意大利艺术家水仙大师（Maestro Narcissus Quagliata）将发生于此地的“美丽岛事件”融合进作品中，以水、土、光、火代表诞生、成长、荣耀、毁灭四大主题，勾勒出生命轮回与台湾历史。在绚丽的灯光和彩色玻璃的烘托下，《光之穹顶》成为高雄最深入人心的公共艺术作品。

美国艺术家理查德·拜耳（Richard Beyer）为西雅图飞梦社区创作的《一群等车的人》（图 127）则展现了出人意料的参与模式。这组作品中有五个真人大小的正在等车的人物塑像，由于雕塑形式和内容都与社区中人们的日常生活极为贴近，因此，在雕塑放置后不久就有人开始将自己的日常生活感受反映在雕塑上，下雨的时候会给它们撑伞，天冷有人给它们穿衣，各种节日庆典还会给它们应景地穿上特定的服装。后来，更是从作品衍生出各种仪式、节日、市集和嘉年华，成为社区生活中不可分割的一个部分。这时，公众的审美实践很大程度上拓展了艺术的能量，发现了艺术的可能。

126《光之穹顶》
高雄美丽岛捷运站的公共艺术作品以爱与包容为主题，是目前世界上最大玻璃镶嵌艺术巨作，共计有 1252 面的“窗子”，用了 4500 片“窗面”，非常壮观。

127《一群等车的人》，理查德·拜耳。

128《Volume》，英国著名的数字艺术团体 UVA 为伦敦维多利亚阿伯特博物馆设计的作品。

另外，随着科技的发展，多媒体互动技术的成熟，以多媒体互动技术来制造新奇体验，拉近作品与观众的距离的手法也成为近来公共艺术创作上的新潮流。英国著名的数字艺术团体 UVA（United Visual Artists）为伦敦维多利亚阿伯特博物馆设计的作品《Volume》（图 128）是由 46 根光柱组成的。当观众靠近光柱时，光柱即会发出不同的声音和色彩的反应。正是由于多媒体互动手法的使用，让本来极为简单的作品获得了一些时尚的意味。

除了从创作过程、主题和形式上充分考虑大众需求，还可以从功能上去进行转化。建筑师们在这种打通审美与实用、趣味与功能边界的方式上做出了尝试与表率。

解构主义建筑师弗兰克 · 盖里（F.O. Gehry）的毕尔巴鄂古根海姆博物馆（图129）就是其中的典型。这座全是不规则曲线的奇特建筑，有着雕塑般的外形。表面覆盖的钛金属在阳光下熠熠生辉，在周围的水面的映衬下，像一艘停泊于此的巨轮，与工业城市毕尔巴鄂长久以来的造船业传统遥相呼应。

建筑落成以来已经吸引了超过两千万人慕名而来，甚至被认为是比馆藏更值得一看的奇观。它虽然在功能上依然是美术馆，但对毕尔巴鄂这个城市来说，其影响力已经远远超过了一座普通的美术馆。艺术化的城市家具则是从另一种方式渗透进人们的日常生活。城市家具本身就是一个充满温情的名称，它的前提是将城市看作“家”。

129 古根海姆博物馆，由解构主义建筑大师弗兰克 · 盖里设计。

129

130 美国著名艺术家丹尼斯· 奥本海姆为加利福尼亚州文图拉市设计的公交车站。

艺术家们通过设计城市家具来关注公共需求，本身就是对日常生活的善意和尊重。美国著名艺术家丹尼斯·奥本海姆就曾经为加利福尼亚州文图拉市设计过一个造型夸张的公交车站（图 130）。现在也有不少城市在座椅、公交站、灯具、停车位、指示牌甚至井盖上都进行了大量艺术化处理，从细微之处为大众的日常生活提供艺术体验。

四、城市文化

我们之前在谈论场所精神的时候已经强调了任何场所都不是单纯的区位（location），它是由自然、气候、形态、质感及颜色等等组合起来的一个情境综合。那么，如果将“场所”的概念具体化到“城市”，我们就可以看出，城市并非只是物理空间，它与历史文脉、社会制度、风俗习惯、道德信仰等人类长期聚居生活的产物无法分割，共同构成了城市文化。英国社会学家迈克·费瑟斯通（Mike Featherstone）曾这样描述城市文化：“城市总有自己的文化，它们创造了别具一格的文化产品、人文景观、建筑及独特的生活方式。”[22]

公共艺术设计既然将城市作为主要的创作场域，就不可避免地要将城市文化作为创作和设计的基石。公共艺术需要体现城市生活动态，展现区域文化特征。在这一点上许多艺术家、社会学家、城市规划专家和城市领导都已经有所认识，也做出了很多尝试。

比如杭州的中山路改造项目，它以展现南宋旧都的御街风貌作为项目的价值核心，关于南宋御街的记忆链接的就是杭州这座城市独有的文人情怀和市井文化。但是中山路的改造并没有像其他项目一样，以仿古街或者古建保护的方式呈现，而是以更为艺术性的手法，将不同历史时期的御街生活切片凝固在此刻。

22 〔英〕迈克·费瑟斯通/著，刘精明/译，《消费文化与后现代主义》，译林出版社，2000 年，第 257 页。

游走在这里的人们，在看到江南灰砖黛瓦的传统建筑时，也会冷不丁地瞅见《四世同堂》（图 131）这种为普通市民塑造的生活群像；在感叹小桥流水的诗情画意时，也能记得这里还成立了中国的第一个居委会。在御街，历史不只是吊古怀旧，它糅杂着个人历史、市井生活，这一切都被以一种复杂的方式记录在这个城市里。

即使是临时性的公共艺术作品，如果能够紧扣城市文化特点，常常也能更好地建立与当地群众的沟通。阿根廷艺术家莱安德罗·埃利希（Leandro Erlich）在上海创作的临时性公共艺术作品《石库门》（图 132），正是因为贴近当地日常生活的情景，而引起了观众的共鸣。他用巨大的镜子将最具上海特色的石库门建筑的外立面颠倒翻转，制造出独特的视觉效果，让观众可以从头顶的镜中看到自己与石库门奇特的合影。在这个转化中，观众获得的不仅仅是身体体验，同时也钩沉了在上海这座人情日渐疏离的现代都市中，人们对老上海家长里短的弄堂生活的温情回忆。

另一方面，公共艺术设计除了将城市记忆作为创作资源，将各种城市文化符号运用到创作和设计中。还应该主动地将公共艺术项目与城市的发展和城市文化的再造联系起来。公共艺术不仅仅是反映已有的城市文化，它本身也是城市文化的组成部分，并参与塑造新的城市文化形象。城市文化从来不是一成不变的，它在不同的历史时期会呈现出不同特点，我们现在所见到的城市文化形象其实就是过去人们活动、交流、创作的沉淀。

香榭丽舍大道、巴黎圣母院、凡尔赛宫、卢浮宫成就了衣香鬓影浪漫优雅的巴黎形象；星罗棋布的教堂、广场、喷泉和博物馆里精美绝伦的雕塑和绘画定位了罗马古典厚重的文艺气质；而自由女神像、归零地、百老汇、帝国大厦、华尔街透露的是纽约自由开放积极理性的共同体意识。人类的文化活动和艺术创作在塑造城市形象上从来都不曾缺席，即使是完全在主流视野之外的偏

131《四世同堂》
该公共雕塑以杭州百年老字号“元泰丝绸”汪家为原型所创作。

132《石库门》，阿根廷艺术家莱安德罗·埃利希在上海创作的临时性公共艺术作品。

远小镇，通过一系列公共艺术运动也能获得新生。日本新潟县的越后妻有大地艺术节（Echigo-Tsumari Art Triennial）（图 133）就是极为成功的案例。新潟县原本是在城市化进程中节节退败的传统农耕村镇，年轻人的离开让这里老龄化严重，十屋九空。1996 年，大地艺术节总策划人北川弗兰（Fram Kitagawa）开始尝试用艺术节的方式来重塑地方精神。十多年来，艺术节成功召集了来自 50 多个国家的 300 多个艺术家为此处量身创作，其中不乏克里斯蒂安 · 波尔坦斯基（Christian Boltanski）、玛丽娜 · 阿布拉莫维奇（Marina Abramovic）、蔡国强、草间弥生（Yayoi Kusama）（图 134）等当代艺术圈的大师级人物。如今积累下来的 200 多件作品散落在越后妻有各处，每个慕名而来的游客可以从观光指引手册上找到它们（图 135）。

大地艺术节的成功举办极大地提高了新潟地区的声誉，吸引了大量的游客前来参观，直接为当地带来了巨大的经济收入和文化活力。新潟也从一个默默无名的传统村镇转而变成了当代世界艺术版图中重要的文化小城。这种将艺术项目融合进当地发展的做法，无疑也将成为公共艺术与城市文化相互影响的新模式。

133 日本新潟县的越后妻有大地艺术节期间，村民自发制作了各种卡通形象放置在路边。

134 《花开妻有》，日本越后妻有大地艺术节上著名艺术家草间弥生的作品。

135 《重组》，行武治美（Harumi Yukutake）艺术家利用乡村旧屋改造的作品，这个布满圆形镜面的小屋模糊了真实与虚幻的边界，镜子反射着自然的景观，而当微风拂过，图像便开始闪烁，十分迷幻。

课堂思考

1. 影响公共艺术设计实践的观念意识有哪些，它们是如何发生作用的？
2. 在各种经典的公共艺术案例中，公共观念是如何呈现的？
3. 城市文化影响着公共艺术设计实践，同时，公共艺术又是如何不断更新城市文化的？

Chapter 5

公共艺术设计的程序与路径

一、场所调研与分析……081
二、文化研究……084
三、公共艺术设计策划……088
四、设计构思与表达……091
五、材料语言……094
六、设计展示与呈现……097

学习目标

了解公共艺术设计的具体流程，掌握在设计和创作各阶段中的工作重点以及设计方法，明确流程与方法在公共艺术设计中的作用与意义。

学习重点

1. 公共艺术设计的主要流程。
2. 场所调研分析与文化研究在公共艺术设计中的目的与方法的异同。
3. 公共艺术设计策划的主要内容。
4. 公共艺术设计构思的主要方法。

公共艺术设计作为一门综合性、交叉性的专业，涉及设计学、艺术学、社会学、建筑与城市规划学等多个专业领域，也具有上文所述的建筑装饰、公共雕塑、景观装置、景观构筑、公共设施等多种设计类型和艺术形式。因此，单一学科的设计方法与程序无法满足公共艺术设计的要求。在公共艺术设计的学习与创作实践中，系统的设计创作方法和科学的程序与路径是构建专业能力的核心基础。

根据公共艺术主要类型的设计与创作流程来看，公共艺术设计具有场所调研与分析、文化研究、设计策划、设计构思与表达、材料语言、设计展示与呈现六个程序与阶段。

场地调研与分析属于体验与认知阶段，即对公共艺术介入空间环境的自然要素、物质条件、人文特征的基本认知与体验；文化研究则是借鉴社会学、人类学的方法深入研究创作对象的文化脉络与背景并寻求创作资源；设计策划是设计创作方向与原则的宏观决策阶段，包括明确目标与原则、确定主题与定位、成果要求、评价方式、实施计划等内容；设计构思与表达和媒介语言是公共艺术设计创作的核心阶段，包括方案构思、艺术形式、媒介与材料的选择和视觉语言、作品尺度等；设计展示与呈现是创作成果阶段，包括文字、图纸、模型、作品等成果的制作以及综合展示的设计与实施。

公共艺术设计的程序与路径是动态发展的，在设计创作实践中，需根据具体案例的要求对程序进行修正，满足具体案例的设计创作需要。

一、场所调研与分析

不论是单项的公共雕塑、景观装置、公共设施，还是整体的公共艺术规划与策划，在进行一项公共艺术设计时前期对场所自然与人文环境的调研与分析是不可忽视的重要环节，也是公共艺术作品取得成功的重要保证，具有拓展设计创作构思、提供科学决策依据、体现公共观念、构建城市文化精神等主要功能与意义。

1. 基础资料的搜集与整理

公共艺术设计所需基础资料一般包括项目背景资料、场地图纸资料和场地区域自然及人文社会资料三个部分。

项目背景资料是指项目的概况、设计目的与原则、设计任务、预算经费、评选方式、时间计划等内容，一般以招标文件、设计任务书、竞赛通知的方式由项目委托方提供，并作为公共艺术设计与创作的指导性文件。如委托方未能提供上述资料，则需要设计师或艺术家通过与委托方沟通获取以上信息并归纳总结。

场地图纸资料包括场地区位图、地形图、现状图、总体规划图、景观规划图等图形设计文件。在实地勘察调研之前可以通过图纸的查看了解设计场地与区域的地形地貌、建筑布局等基本空间形态，获得基本的空间认知。场地图纸资料一般由委托方提供，或可以通过政府相关职能机构获取。比如城市中某一个区域的地形图和现状图可以通过城市规划建设管理机构信息公开的方式获得。

场所区域的自然、人文和社会信息是公共艺术设计创作的重要资源。在场所调研与分析阶段应通过网络搜寻、文献查询、实地勘察等方法深入了解这几个方面的信息。自然环境方面，应了解场地区域的温度、湿度、日照、季相等特殊气候条件，以及地形地貌、特色植被、生物多样性等情况；人文社会方面则需深入了解场地区域的城市发展、社会状况、经济条件、人口情况、工商业特征、民风民俗、历史事件、特色技术与手工艺等信息。

通过基础资料的搜集与整理，我们会对项目及所处场地区域形成初步的、概括性的认知，为下一步的实地勘察与调研分析建立良好的工作基础。

2. 观察与记录

观察与记录是通过项目实地勘察进一步获得项目整体性认知的重要手段。观察与记录一般采用社会学研究中的文献调查、田野调查、问卷调查、访谈调查、认知地图、行为日志、直接观察等方法。根据项目规模大小、难易与复杂程度的不同，观察与记录可采用不同的方法。

对于大部分公共艺术项目，直接观察法是较为普遍被采用的方式。直接观察法是一种调查者有目的、有计划地运用自己的眼睛、耳朵等感知器官，直接考察研究对象，积极能动地了解自然状态下的观察对象，是一种有效的调查方法。直接观察法通过对场地区域进行反复现场勘查，并在调查过程中把相关认知和感受记录下来，包括场地结构、空间形态、视觉特征、景观序列、行为心理、社会因素等方面的内容，以及空间实体要素、人的行为心理、时间与空间变量等核心内容，并在观察与记录的过程中积极地去发现场地区域在物理性、社会性、人文性方面存在的问题，以及采用公共艺术方式解决问题的可能性（图 136）。

对于较复杂的公共艺术项目，则需要采用文献调查、田野调查、问卷调查、访谈调查等综合方法进行观察、记录和研究，由于与文化研究中的调查方法基本类似，除了调查侧重点的不同以外，可以使用下节"文化研究"中的基本方法，本处不作重复阐述。

3. 分析与评价

针对公共艺术设计而言，搜集的基础资料和场地观察与记录所获得的大量而零散的信息应如何分析与解读，并进而对公共艺术策划与设计提供决策与创作依据？这是一个不可忽略的问题。

根据公共艺术设计与创作的需要，我们可以把搜集的基础资料和场地观察与记录所获得的大量而零散的信息概括为场地空间的实体环境要素、文化要素、使用者行为活动、使用者知觉认知四个部分，并进行实体环境要素分析、文化分析、行为活动分析和知觉认知分析，从而得到科学理性的分析结论，为公共艺术设计与创作提供决策依据与创作资源。

实体环境要素可以分为三类，即基面、边界与围合、植物与家具。对基面的分析包括场地的规模、形态、比例、轴线关系、地形、视角、交通、铺装等；边界与围合分析则包括尺度、形态、表皮、肌理、开口、功能等；植物与家具则是人们行为活动的重要支撑，包括绿化、座椅、艺术品、灯具、亭廊等，我们可以把实体环境要素分析统称为空间形态分析。通过实体要素的分析与评价，我们可以获得场地空间真实准确的空间结构、空间意象、形态特征，同时也可以形成对于公共艺术设计的形式、尺度、色彩、肌理、位置等要素的限制性条件，使公共艺术作品能与环境空间有机协调（图 137、图 138）。

行为特征分析可借鉴杨·盖尔对于城市公共空间行为活动的分类与分析方法。在《交往与空间》一书中，杨·盖尔把城市公共空间中人的活动分为必要性活动、自发性活动和社会性活动。必要性活动指的是多少有些不自由的活动，例如上学、上班、购物、候车等，参与者别无选择，行为的发生与物质环境的好坏没有直接关系；自发性活动是指如果时间和场地允许，天气环境适宜，自愿、即兴发生的活动，这一类活动对于物质环境的要求较高，空间的质量较好、有吸引力、安全，则即兴活动的发生频率才会高，如散步、游憩、运动、会友等；社会性活动是依赖于公共空间中其他人存在的活动，如集会、公共活动等。

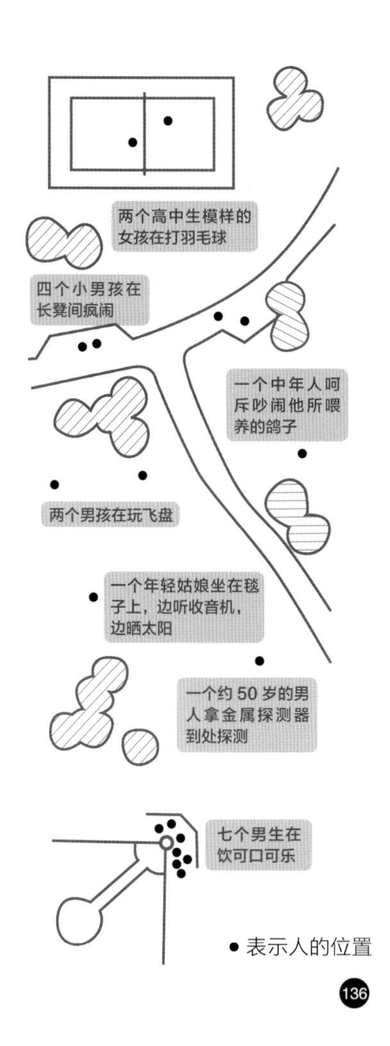

136 一个空间区域中人的行为活动记录。（图片来源：［美］阿尔伯特·拉特利奇 / 著，王求是、高峰 / 译，《大众行为与公园设计》，中国建筑工业出版社，1990 年，第 7 页）

137 场地的自然条件分析图示。我们可以采用图示语言标注场地的地形、分区、视野、气候条件等基本特征，从而建立起对场地自然条件的设计利用与协调。（图片来源：［美］保罗拉索 / 著，邱贤丰、刘宇光、郭建青 / 译，《图解思考》，2007 年，第 98 页）

138 场地结构与空间形态分析图示。（图片来源：［德］赖因博恩、科赫 / 著，汤朔宁等 / 译，《城市设计构思教程》，上海人民美术出版社，2005 年，第 20-21 页）

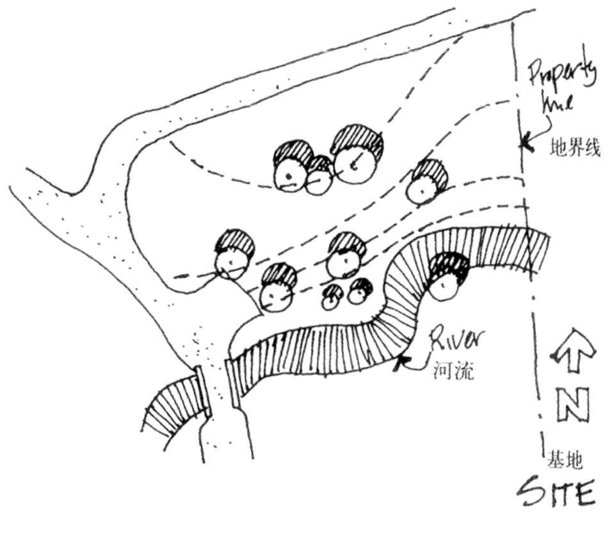

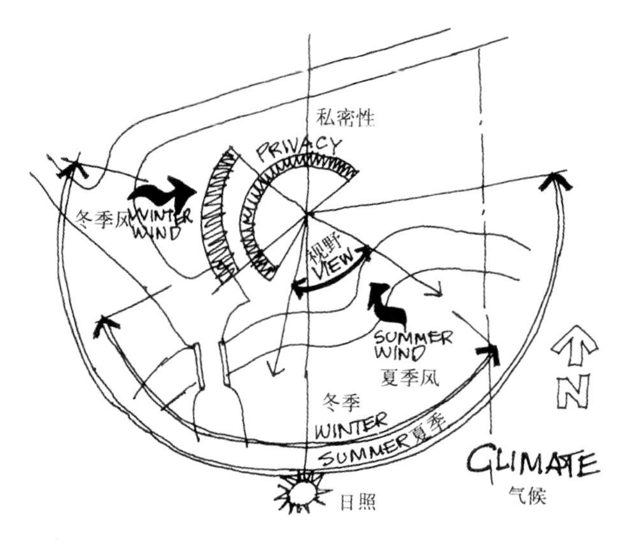

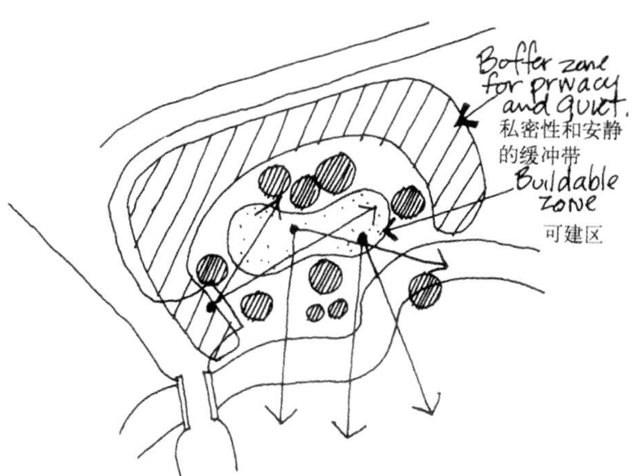

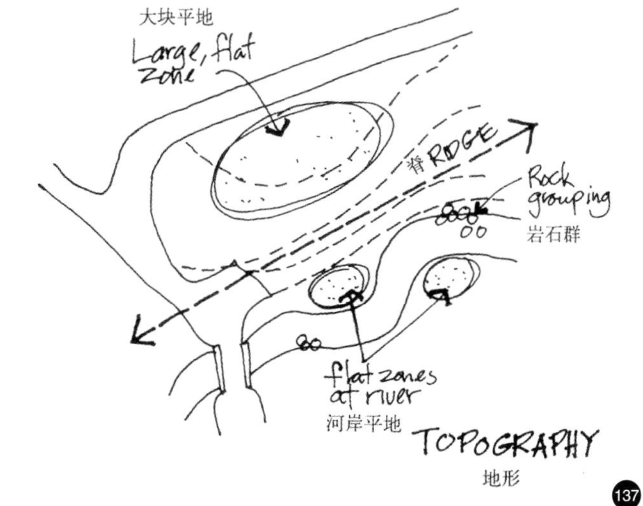

137

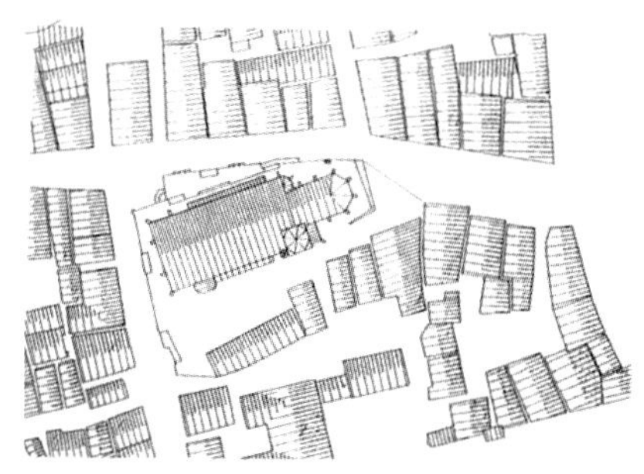

城市教堂周围建筑的屋顶形式

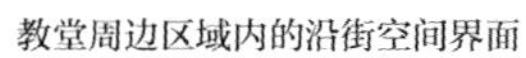

教堂周边区域内的沿街空间界面

开放性空间与私密性空间之间的对比关系

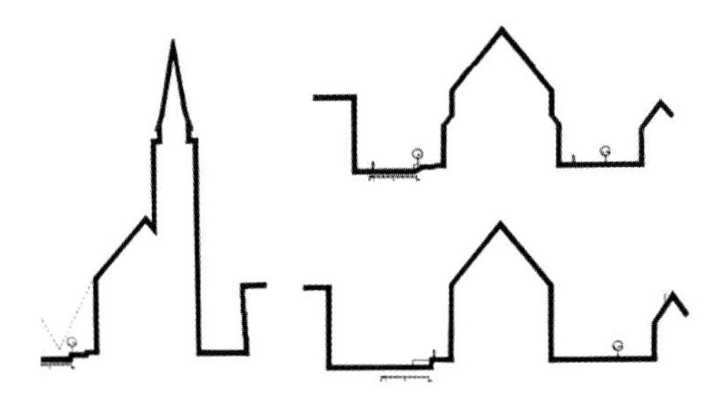

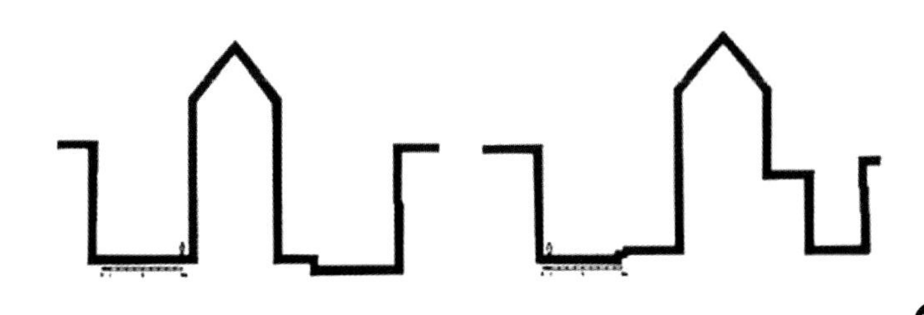

138

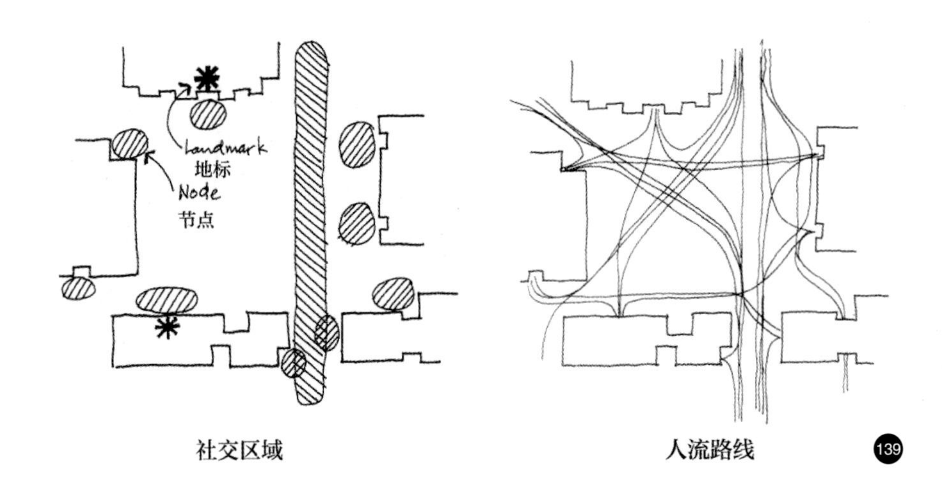

139 场地空间人的行为分析。
（图片来源：〔美〕保罗拉索 / 著，邱贤丰、刘宇光、郭建青 / 译，《图解思考》，2007 年，第 96 页）

通过行为活动分析，发现场所存在的使用问题，可以引导公共艺术设计与创作以何种方式、样式、姿态介入空间，提升环境品质，促进自发性活动的发生（图 139）。

知觉是我们感觉的总体，包括视觉、触觉、听觉、嗅觉等人体的眼、耳、鼻、舌、身体等人体感官系统。而认知则是通过人体知觉系统对环境中的信息进行接收、识别、加工和提炼，从而形成的感觉、记忆、想象、意象、思维和言语。与实体环境分析和行为活动分析相比较，知觉认知是人的主观感受，不能被直接观察，需要通过问卷调查、访谈、认知地图等科学的调查方式和理性的分析获得结论，从而确定需求重点指导公共艺术设计与创作。知觉认知分析主要有使用者满意度分析、需求分析和空间意象分析等。

文化要素分析则包括文化心理、生活态度、审美惯性、地域风俗、政治倾向等隐性特征的分析与研究。由于文化研究对于公共艺术设计具有重要的作用与意义，针对文化研究的方法放在下节重点阐述。

二、文化研究

1. 何为“文化研究”

在我们将文化研究纳入公共艺术设计和创作流程中之前，我们首先需要了解什么是文化研究。从 20 世纪 80 年代开始，“文化研究”这一术语就频频出现在国内各种杂志、著作中，成为人文学者们的新宠，但关于“文化研究”的定义却言人人殊，难有定论。一般来说，广义的文化研究指的是“对文化的研究”，由于它将整个“文化”作为研究对象，从历史纵轴上看它可以回溯整个人类发展史，而横轴上延伸向社会生活的方方面面，其外延和内涵颇为庞杂。狭义的文化研究则具体指向了一门新型学科，最初是 20 世纪 60 年代理查德 · 霍

140 理查德 · 霍加特

141 英国伯明翰大学

142 当代文化研究中心

加特（Richard Hoggart）在英国伯明翰大学（University of Birmingham）创立当代文化研究中心（The Centre for Contemporary Cultural Studies）（图140、图 141、图 142），主要研究文化形式、文化实践和文化机构及其与社会和社会变迁的关系，是与文学、社会学、历史学、人类学的研究方法有着密切联系的跨领域新型学科。

然而，不管是广义上的“对文化的研究”还是狭义上作为新型学科的“文化研究”，其生命力在于都为人们提供了新的看世界的方法，它将原有的严苛拘谨的学科边界打通，让原本精英主义中的文化概念大而化之，并指涉我们的日常生活。

2. 文化研究的基本方法

文化研究作为一种研究的方法、路径和立场已经渗透到了人文社会学科的各个领域，包括艺术领域。以文化研究作为工作方式的艺术创作案例也并不少见。比如，艺术家邱志杰在“南京长江大桥计划”中对南京长江大桥的研究、中央美院吕胜中老师带领学生一起完成的《中国公众家庭审美调查》，都是将社会调查作为一种审视艺术与社会生活关系的方法。文化研究能被艺术家借用，正是由于其具有很强的实践性，能够灵活地使用哲学、社会学、人类学、语言学中的各种理论和方法，反思社会文化现象，并从中获得独特的回应，成为艺术家创作的资源。

同样，公共艺术作为一种文化生产活动，它的产生、实践、评价都不断地受到整个社会意识形态影响。那么在进行公共艺术创作的时候，我们就很难仅仅从艺术的形式语言来进行思考。我们需要为创作铺陈一个全景描述，将文化心理、生活态度、审美惯性、地域风俗、政治倾向等影响创作的因素考虑其中，这时，有必要将文化研究的方法融入公共艺术创作流程。一般来说，在公共艺术设计的流程中我们常常会使用到文化研究的方法，包括：文献研究、田野观察、问卷调查、实验调查等。

小贴士

我们在强调“文化研究”的同时，也必须明确，艺术和设计创作中的文化研究与社会学、人类学等专业的文化研究有着不同的任务，艺术家和设计师在进行文化研究时通常不仅仅是为了通过研究发现问题，阐释问题，更重要的是要创造性地提出与研究课题有关的新角度和新方式，同时这些创造力要能转换成视觉经验，让观众可以感受得到。

① 文献研究

对于文化研究来说，文献研究是最为基础的方法。需要我们尽可能多地通过现在有的文字资料来了解我们的研究对象。前期的准备工作做得好，在实际调查中常常能获得事半功倍的效果。文献的来源非常广泛，可以是官方的、公共的、个人的、网络的、书面的等等。文献研究的内容主要包括与研究对象有关的历史地理、文学艺术、节日风俗、现代生活方式、价值观念等。根据课题不同侧重点也稍有不同。比如，针对西安的文献研究重点可以集中于历史传统文化资料的整理，而对深圳的文献研究可以侧重了解深圳极速变化的现代生活方式。通过文献研究对研究对象有一个印象性的了解，为下一步的田野观察提供依据。在文献研究阶段注意对地方性的故事传说、诗歌、图片、影像等资料的收集是非常重要的，这些资料很可能成为开启设计思路的起点和依据。这也是设计流程中的文献研究与人文社科类不同的地方，设计流程中对文献的翻阅、整理和分类，都是为了最终完成视觉转化。因此，在整个过程中，理性的收集和主观的选择分类同样重要。

② 田野观察

观察是我们获得研究对象相关资料的最直观的途径。马林诺夫斯基所奠定的科学的人类学田野调查方法，它要求调查者要与被调查对象共同生活一段时间，从而观察、了解和认识他们的族群关系与文化观念（图 143）。但以公共艺术设计为目标的田野观察往往无法做到这一点，为了在短时间内能够充分地确立起所关注主题的现实感，在进入研究现场之前，拟订观察计划和提纲非常重要。一般来说观察计划需要包括：观察主题、对象、范围、时间等。在观察过程中一方面要以实地笔记的方式记录看到和听到的事实性内容，另一方面也要通过个人笔记的形式记录观察者个人在实地观察时的感受和想法。为了方便视觉转化，观察笔记通常应该采用图文结合的方式。

小贴士

设计师的田野观察笔记应该有两个部分，一个部分是对观察对象的真实记录，这部分记录细节越多越好。另一个部分是要随时记下自己的感受和想法，这部分可以是碎片化的文字或者速写，无逻辑的笔记本往往更容易激发想象力。

143 马林诺夫斯基的田野调查法
从马林诺夫斯基起，几乎所有的人类学家都必须到自己研究的文化部落住上一年半载，并实地参与聚落的生活，使用当地的语言甚至和土著建立友谊。而这些，都是为了完成一份马林诺夫斯基式的民族志记录。

144 关于海南旅游的文化想象调查问卷（游客）。

关于海南旅游的文化想象调查问卷（游客）

受访人姓名：______ 年龄：______ 性别：______ 民族：______
职业：______ 文化程度：______ 年收入：______ 家乡：______

1 您来博鳌多长时间?
A、一天 B、两三天 C、一周 D、一个月 E、其他 ______
2 您是第几次到博鳌?
A、一次 B、两三次 C、3 – 5 次 D、很多次，常常来
3 您是通过渠道什么知道博鳌的?
A、广告 B、新闻 C、博鳌亚洲论坛 D、朋友介绍 E、旅游宣传画册 F、其他 ______
4 您认为在博鳌旅游安排几天比较合适?
A、一天 B、两三天 C、一周 D、一个月 E、其他 ______
5 你来之前对海南的想象?
A、商务之旅 B、浪漫的旅程 C、奢侈的旅程 D、休闲之旅 E、其他 ______
6 到海南旅游前，您是否有完整的行程计划?
A、有 B、没有
7 你会选择跟谁一起来海南
A、父母 B、恋人 C、朋友 D、孩子 E、其他 ______
8 到博鳌后对这里环境的评价?
A、跟想象的一样好 B、一般 C、不如想象的好 D、很差
9 您是否喜欢博鳌人?
A、喜欢 B、不喜欢 C、没感觉 D、还行
10 如果用一种颜色来概括出您对海南的印象将会是什么颜色?
A、粉红色 B、蓝色 C、绿色 D、黄色 E、黑色 F、紫色 G、其他 ______
11 如果用一种颜色来概括出您对海南的印象将会是什么颜色?
A、粉红色 B、蓝色 C、绿色 D、黄色 E、黑色 F、紫色 G、其他 ______
12 在博鳌旅游让您最为担心的是什么问题?
A、物价太高 B、安全问题 C、生活饮食习惯 D、行程不够精彩 E、健康问题 F、其他 ______
13 如果只有一天时间，您认为博鳌最有意思的旅游景点是什么?
A、亚洲论坛会址 B、玉带滩 C、博鳌海洋宫 D、博鳌禅寺 E、没什么好玩的 F、其他 ______
14 如果是晚上，您认为博鳌最值得一游的景点是什么?
A、公园广场 B、亚洲论坛会址 C、商业街 D、没什么好玩的 E、其他 ______
15 您认为博鳌论坛会址是个理想的旅游景点吗?
A、很理想 B、还可以 C、没什么好看的 D、完全不能算是景点
16 您认为当地的地标性建筑是什么?
A、博鳌火车站 B、亚洲论坛会址 C、博鳌金海岸酒店 D、博鳌东方文化园 E、其他 ______
17 在旅程中您会选择那些景物合影?
A、植物 B、怪异的石头 C、霓虹灯或广告牌 D、纪念碑 E、广场雕塑或是喷泉 F、无所谓 G、其他 ______
18 您认为在博鳌旅游应该如何穿着?
A、穿普通生活中的衣服 B、穿有当地民族或特色的 C、西装或工作服 D、没想过
19 您认为最应该带回去的纪念品是什么?
A、海螺贝壳等工艺品 B、有地方特色的食物 C、旅游纪念照片 D、其他 ______
20 您最熟知的与博鳌有关的文化名人是谁? ______
21 以下关于博鳌的传说故事您了解的有哪些?
A、龙女诞鳌 B、观音点化鳌 C、玉带滩的传说 D、其他 ______
22 您觉得博鳌是否有有特色的文艺活动? 是什么? ______
23 您是否愿意在旅游过程中参与当地的文艺活动?
A、非常愿意 B、看情况，可以参加 C、不愿意
24 您认为博鳌值得让你再次回来旅游的是什么?
A、地方特色的小吃 B、亚洲论坛会址 C、玉带滩 D、当地居民 E、不会再来 F、其他 ______
25 您认为博鳌的旅游景观还有什么需要改善的?（如，绿化，公共设施，艺术品介入，交往空间设计等等）

______

调查者：______ 调查日期：______

144

③ 问卷调查

其实，问卷调查的方式对于设计学科来说并不陌生，它常常被用来研究用户行为，普查用户心理，调查满意程度。在公共艺术设计的过程中，也可以用问卷调查的方式来了解所处地方民众的生活习惯和审美心理。对设计师来说，如何获得更多的信息，问卷的设计非常重要。它在很大程度上决定着问卷调查的回复率、有效率、回答的质量，以至整个调查的成败。因此，问题的设计必须紧扣研究主题，并且符合被调查者回答问题的能力和意愿（图 144）。

设计问卷时要注意：首先，问题的语言尽量简单，通俗易懂，不要使用复杂的、抽象的概念及专业术语；其次，问题的陈述尽可能简短清晰，使回答者一目了然；再次，问题要避免带有双重含义，不要带有倾向性或用否定形式提问；最后，不要问回答者不知道的问题，也不要直接询问敏感性问题。在询问过程中

也要根据被调查者的回答情况适当调整说话和提问的方式，以制造愉快的访谈气氛。除了遵循问卷调查的基本原则，作为设计师也可以将自己的设计意图或初步的设计思想融入问卷，这样有助于检测自己的设计意图的接受程度和偏离程度。

④ 实验调查

实验调查是针对特定对象，通过参与、激发、改变实验对象所处的社会环境，观察实验对象的反应模式，最后得到判断的调查方法。

对于社会学研究来说，实验调查时调查对象和实验环境的选择难以具有充分的代表性，会给调查结果的科学评价带来一定困难。但是对艺术设计专业来说，实验调查法的偶发性、实践性、个体针对性都可能成为优点。它和公共艺术的参与性有很密切的血缘关系。我们可以将社会调查过程中产生出来的创作设想，使用当地材料就地实施，或者把创作就地展示，以此获得意见反馈。这一做法可以进一步深化我们对所调查对象的理解，直接建立起我们和调查对象的紧密互动。同时也检测自己认识的有效程度，对自己的调查活动的建设性、可行性进行进一步的评估。

145 丽珠制药珠海新厂区公共艺术策划报告目录。
一项完整的公共艺术策划方案应包括项目概况、策划目标、主题概念、策划定位、空间规划、实施计划等部分。

146 丽珠制药珠海新厂区公共艺术策划目标。

147 丽珠制药珠海新厂区公共艺术策划理念与定位。

三、公共艺术设计策划

每一个公共艺术项目或作品能够顺利实施都必将涉及委托方、设计师、公众等多方参与者，需要处理有形和无形的空间、场域、环境的关系，还需要组

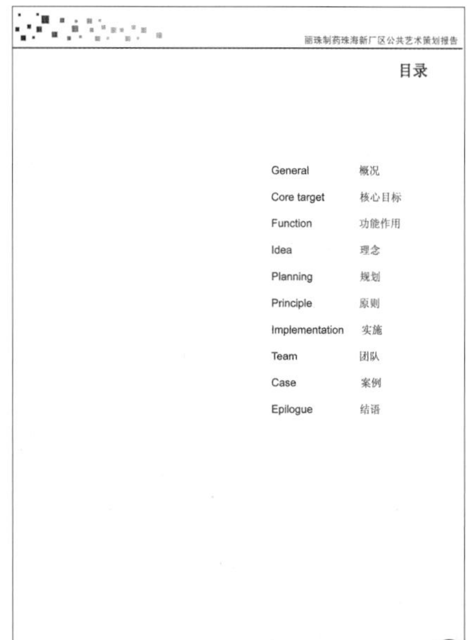

小贴士

策划工作是需要设计师理性处理的设计外围工作，会直接影响公共艺术项目的整体走向、实施过程和呈现效果。

织和筛选艺术家或艺术作品，以及激发艺术家的创作力。

这三个方面的协调处理在公共艺术设计实施阶段仅依靠艺术家或设计师与参与各方的自发努力和个体实践是无法达到最优的创作目的。因此，需要委托公共艺术策划人或机构（小组）来完成公共艺术设计策划任务，以确保公共艺术项目或作品达到预期的目的与要求。

公共艺术设计策划是在设计前期围绕“做什么”、“为什么”和“如何去做”三个问题所形成的策略性思考。设计策划根据场地调研与分析结果，设定目标、转译需求、拟定策略并形成设计依据，以保证后续的具体设计过程与结果得以优化与完善。

设计策划具有“策划”与“计划”两个层级。策划注重设计任务的发起与界定、对策和主题概念提炼等宏观层面的思考。计划则强调设计任务的具体落实和实施路径的选择，以及为设计师提供必要的原则、规范、条件与参照。“策划”和“计划”在具体设计策划中需要根据公共艺术项目的类型、规模、难易的差异而形成侧重（图 145）。

1. 策划目标与设计原则

任何一个公共艺术项目的设计都必须有清晰准确的目标与原则，这也是公共艺术项目成功的必然条件。

148 丽珠制药珠海新厂区公共艺术规划 1。
149 丽珠制药珠海新厂区公共艺术规划 2。
150 丽珠制药珠海新厂区公共艺术规划 3。

但公共艺术项目一般会涉及出资方、委托方、管理方、设计师、艺术家、使用者、公众等多方参与者，并且参与各方都会有各自的目标诉求与要求，有时甚至是完全相悖的，这就要求设计师或艺术家对公共艺术参与各方的目标诉求进行分析总结，根据项目调研结论和艺术规律提出专业性的策划目标与设计原则，作为参与各方交流、讨论、决策、博弈的基础性文件，最终形成公共艺术设计与创作的指导性依据（图 146）。

2. 主题概念

主题概念是公共艺术设计的源泉和灵魂，是根据对公共艺术项目的场域特征、文化脉络、社会状况、公众审美与心理等内涵的探究、总结和提炼而形成的概括性、抽象性表述，它指导和限定了公共艺术设计的表达内容和价值取向，具有提纲挈领的作用与意义，是公共艺术策划、设计与创作过程中最为重要的环节。

一个优秀的主题概念的提出是公共艺术策划、设计与创作成功与否的关键，这就要求设计策划人员不但应在项目自身范畴内进行信息分析、归纳和总结，还需要把它放置在更大的时空关系中寻找、发现和提炼主题概念的可能。

中国 2010 年上海世博会提出的“城市，让生活更美好”主题，就是在全球城市化的背景下对城市在空间、秩序、精神、文化等方面的探索与反思，并

小贴士

在公共艺术创作中，我们通过“设计策划”来规划主题，通过“场所调研与空间分析”来设想作品与空间的关系，通过文化研究来定位作品需要注重的地方精神和人文关怀。这三个步骤回应了在公共艺术设计的目的问题，即“做什么”，而设计中的构思与表达，材料语言，展示呈现则是要回应“怎么做”的问题。

151 丽珠制药珠海新厂区公共艺术规划 4。
152 丽珠制药珠海新厂区公共艺术规划 5。
153 丽珠制药珠海新厂区公共艺术规划 6。

154 丽珠制药珠海新厂区公共艺术规划 7。

形成城市多元文化的融合、城市经济的繁荣、城市科技的创新、城市社区的重塑、城市与乡村的互动 5 个副主题，通过世博会选址、场地规划、场馆设计、景观设计、公共艺术设计来传递“和谐城市”的主题理念与思想。

3. 设计定位与要求

设计定位是公共艺术设计与创作总的方向与原则，也是公共艺术设计策划的重要内容。设计定位不是凭空想象而形成的，而是根据场地调研分析与文化研究所获得的对于公共艺术项目的整体性认知与评价，通过综合分析研究对设计与创作的目标、主题、风格、形式等所形成的准确的定义域描述（图 147）。

4. 空间规划

在面对一个较大空间尺度区域，比如城市、街区、校园、产业园区等公共艺术规划或设计项目时，我们必须详细研究地形、建筑、道路、水体、绿地等空间结构关系，并根据空间结构属性来进行公共艺术空间规划，明确公共艺术的空间分区、轴线、主次、重点、节奏、尺度、主题、具体作品位置，以及公共艺术作品与建筑、道路等空间要素的关系（图 148 至图 154）。

5. 互动与传播

优秀的公共艺术项目或作品，不仅需要审美价值的表达与呈现，还要通过互动与传播的方法与途径体现作品的公共性价值和社会意义。在公共艺术设计策划中，需要根据项目的目标与定位，设立作品筛选过程中的公众互动与对话方式，作品实施过程中形成的公共话题，以及作品公共性价值的信息传播路径，使公共艺术项目在策划阶段就纳入公共性考量和价值判断。

四、设计构思与表达

设计构思需要设计师以观察和分析已知的图片、文字和现象为基础，主动地进行创造性思维加工，提出最合适的方案。因此设计构思过程不能只是咬笔杆等灵感，借助一系列思维拓展的方法，不断折腾，反复拷问能够大大提高获得创意的效率。

设计学科里激发创意思维的方法很多，这里主要列举几种常用的方法：联想法、逆向思维法、系统分析法。

1. 联想法

联想是人脑的基本能力，人们常常能够借助想象，把形状相似、颜色相近、功能相关或其他某一点上有相通之处的事物联系在一起。比如人们很容易将时间和水流联系在一起，感叹逝者如斯，也会将美好的人生与华美的织物联系起来，谓之前程似锦。利用人的联想能力，并使用一系列的方法强化它，就是我们所说的联想法。联想法常常需要围绕一个关键词开始发散思维（图 155）。

小贴士

一般来说，联想法的核心关键词就是一个公共艺术项目的主题词。

① 具体操作路径

155 以“移民”为核心关键词的联想法思维导图。

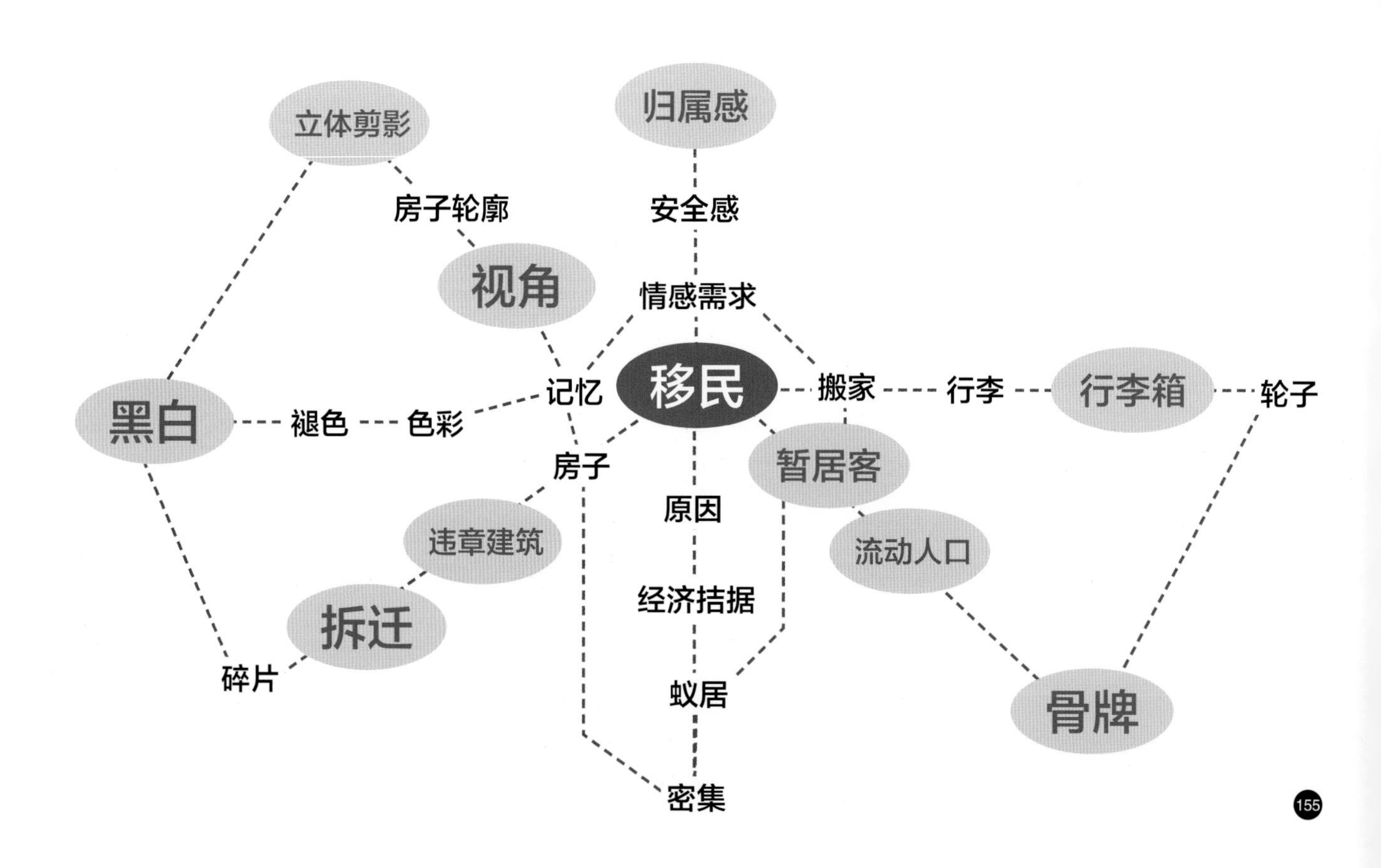

156《行李箱雕塑》，布莱恩·郭金（Brian Goggin），美国萨克拉门托国际机场。

157 瑞秋·怀特里德为维也纳创作的犹太集中营纪念碑。

比如：为深圳市民广场设计的一个公共艺术项目，确定的核心关键词是“城市化”，这时就可以展开联想，从“城市化”想到“摩天大楼”，从“摩天大楼”想到“城中村”，由“城中村”想到“外来移民”，由“外来移民”想到“行李箱”（图156）……联想由近及远可以无限展开。接下来就需要剥离原有的线性逻辑，强制在“行李箱”和“城市化”之间建立视觉联系。比如：直接用行李箱来堆砌城市高楼的景观，或者在放大数倍的行李箱内藏着整个城市的微缩模型……或者还有更好的视觉表现方式，在确定基本框架之后可以再进一步推敲。

在联想法的使用中可以由近及远地顺势推理，也可以逆反这套方法。在你的核心关键词之外，随便找一个不相关的词汇，强行和你的关键词之间制造关联，再来插入必要的中介，这样的方法被称为类比法，它所依靠的也是人们的联想思维能力。

② 具体操作路径

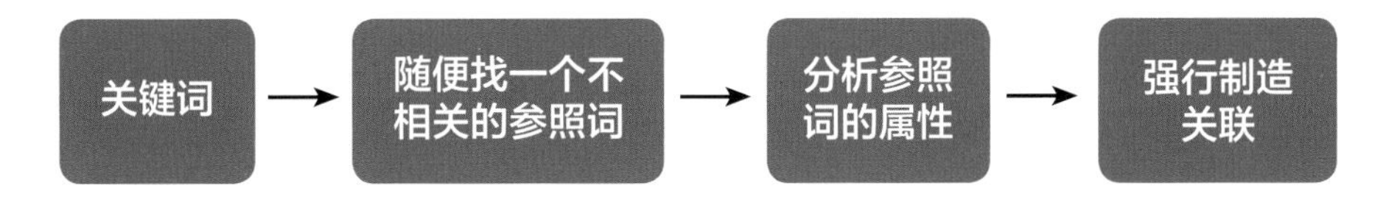

比如你接到的项目是要做和“桥”有关的景观改造。这时请随便找出另一个东西来，比如“电脑”，好，开始分析“电脑”的属性：有键盘的，有电子屏幕的，可视的，交互的，有声音的，方便携带的，机械的……然后将这些属性强加在“桥”之上，我们可以获得这样的结果：有键盘的桥，有电子屏幕的桥，可视的桥，交互的桥，有声音的桥，方便携带的桥，机械的桥……这时候画面感就开始建立起来了。

2. 逆向思维法

逆向思维也叫求异思维，它是对司空见惯的、已成定论的事物或观点反过来思考的一种思维方式。要求设计师敢于“反其道而行之”，让思维向对立面的方向发展，从问题的相反面深入地进行探索，将原有逻辑彻底颠倒，或者用部分颠倒的逻辑替换正常的逻辑。常用的手法主要有：

形态的反向：内与外、大与小、轻与重、硬与软、透明与不透明、光滑与粗糙、快与慢……

功能的反向：有用与无用、条件的增减、技术的置换。

顺序的反向：蒙太奇。

这种直接将原有逻辑颠倒置换的方式在艺术创作中可以看到大量的案例，比如奥登伯格那些放大的日常生活用品和瑞秋·怀特里德（Rachel Whiteread）（图157）那些从生活空间翻制出来的负形雕塑。

除了直接站在原有逻辑的对立面的做法，缺点列举法也是运用逆向思维的另

小贴士

在实际项目中顺势联想法和类比法常常是交替使用的，而且当一次无法获得比较满意的创意的时候，还可以改变参照词重新建立联系。

一种操作方式。

● **一般路径**

根据公共艺术专业的特点，改进的方案一般可以从视觉属性、环境、功能、使用者等多方面进行思考。

3. 系统分析法

系统分析法源于 20 世纪 40 年代以后迅速发展起来的一个横跨各个学科的新学科——系统科学。它主要是指把要解决的问题作为一个系统，对系统要素进行综合分析，最终找出解决问题的可行方案的思考方法。这种科学理性的工作方法如何在艺术设计中使用呢？这就要求我们在面对一个课题的时候先建立起一个系统性的认知方式，尽可能列出这个课题中所有的相关信息资源。

比如：我们可以用的物质材料有哪些？这些物质材料有哪些类型？它们之间的组合方式有哪些？制造出来的效果是什么样的？在建立信息资料库的时候，我们收集的资料越完善越有助于我们从系统中开发出新的可能性。比如，在公共艺术设计中我们常常会被要求设计一些互动装置，这时我们就可以用系统分析的方法来剖析这一主题。首先分析互动的方式有哪些？红外感应、按钮开关、脉搏感应、声音感应、温度感应……然后分析装置的类型有哪些？灯光装置、声音装置、机械运动装置、互联网装置、与空间结合的装置……

有了细化的资料库，我们就可以将“互动方式”和“装置类型”进行随机组合来获得新的可能。比如通过脉搏感应的机械装置是否可行？或者温度控制的灯光装置呢？

在广告创意中常常使用到的“头脑风暴法”可以说是系统分析法的一种变体。“头脑风暴法”需要多人参与，用集体的力量来丰富和扩大系统资料库的涵盖面，从而提高获得创意的效率。

五、材料语言

公共艺术设计在创作构思、深化设计与作品实施各个阶段涉及到材料的选择与使用。材料对于设计师而言如同语言之于文学家，设计师需要通过材料来呈现构思，为观众制造艺术效果。因此要采用什么样的材料，如何使用这些材料难免需要仔细推敲。

小贴士

在设计构思阶段，所有的方法都不应该被独立地僵化地使用，要通过多次的练习，融会贯通，综合运用。

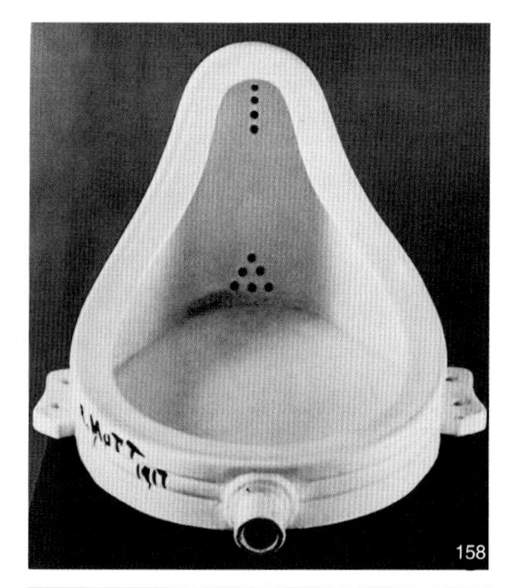

4'33"
FOR ANY INSTRUMENT OR COMBINATION OF INSTRUMENTS
John Cage

158 《泉》，杜尚
将自己签名后的小便池直接搬进展厅，以戏谑的方式向传统的艺术观念发起了挑战。

159 《4分33秒》，约翰·凯奇
激浪派著名艺术家约翰·凯奇的作品，音乐共分三个乐章，可以由任何种类的乐器以及任何数量的演奏员完成，乐谱上没有任何音符，唯一标明的要求就是“Tacet”（沉默）。然而，观众认真聆听寂静之时，将体会在寂静之中的一切偶然声音。

1. 不断拓展的材料

早期公共场所中的艺术作品，如纪念碑雕塑、建筑装饰等，通常选用石头、木头、金属、玻璃、陶瓷等传统材料。首先由于它们普遍存在于人们的日常生活中，价格也不太昂贵，比较容易获得，适合做大体量的东西。金、银等贵金属就很少被用来制作公共艺术作品。其次，它们可塑性强，通常在强度、延展性、耐腐蚀性等方面的指标宽容度比较大，在造型等方面进行加工时技术难度不大。像使用金属铸造、石雕、木雕等技术来完成艺术造型已经有了相当长时间的探索和积累，都已趋成熟。然而 20 世纪的现代主义的材料拓展史，把艺术品所使用的材料的范围拓宽到了整个世界。杜尚使用“现成品”（图 158）作为材料，“激浪派”（Fluxus）将人们既有的观念作为材料（图 159），大地艺术家将山川河流甚至风雪雷电都作为材料。

艺术史中材料的定义发生了翻天覆地的变化，这无疑也影响了公共艺术。很多社区艺术计划中，邀请社区居民参与创作的方式其实也是将人们的观念和审美当作了创作“材料”。影响公共艺术材料拓展的除了艺术观念更新，还包括科技的进步。材料学的发展产生了 LED、光纤、玻璃纤维织物等现在公共艺术作品中常见的材料，计算机和互联网技术的普及大大拓展了公共艺术的互动方式，增强了作品趣味。随着科学技术和艺术观念的变化而不断拓展的材料史，一方面极大地丰富了公共艺术作品的形式，另一方面也悄然改变着艺术与日常生活的关系，让艺术与日常生活不再泾渭分明，而是更唱迭和，相互渗透。

2. 材料的物质属性

对材料的物质属性的感受，是人们在日常生活中已经建立起来的，即使是没有受过专业艺术训练的人也能够通过物体的色彩、质感、形状来感知一二。

比如人们看到木头的感觉是自然、朴素、亲切、温暖、感性的，看不锈钢时立刻觉得现代、理性、冷漠，还颇有些科技感。材料本身的色彩、厚度、硬度、光滑或粗糙程度会引发人们对轻重、细腻或粗犷、冰凉或温暖等感觉的联想。正是基于这些“人之常情”，作为现代设计先驱的包豪斯学院就已将材料认知作为重要的基础训练，其在今天的设计学科中仍广为使用。

强调材料的物质属性的一个极端是 20 世纪 60 年代末意大利兴起的贫困艺术（图 160）。他们主张剥离材料上的一切文化解读、心理意义，让材料自身的物质属性得以呈现。让鸽子仅仅作为鸽子存在，而不是和平的符号；座椅仅仅作为座椅存在，用它的形态和质感打动我们，而不是权力的象征。无独有偶，美国极简主义（图 161）和日本物派（图 162）也有着类似信念，主张使作品完全客观化，不指涉任何事物。他们常常采用的极简几何形态，充满了形而上学的意味，反倒获得了另外一种抵御强大日常阐释体系的象征能力。

小贴士

看一件作品，材料会从两个层面给人们制造艺术效果，引起心理投射。一方面是基于材料的物质属性，另一方面是基于材料的文化隐喻，两个方面通常难以分割，互相影响。

160 上世纪 60 年代末，著名贫困艺术家库奈里斯（Jannis Kounellis）最著名的作品之一，就是罗马阿蒂科画廊放置了 11 匹活马。

161 极简主义艺术大师托尼·史密斯（Tony Smith）曾说：“大多数绘画看上去都只是漂亮的图片。你没有办法给它加上框，只能体验它。”

162 日本物派的代表人物关根伸夫认为：“世界有着世界本身的存在，以及怎样能使创造活动成为可能，是尽可能在真实的世界中提示自然本身的存在，并将此鲜明地呈现出来。”因此，在他的创作过程中，材质呈现着“自在状态”的架构，空间、物质、观念构成一个综合体。

163 宁波美术馆外观。

3. 材料的文化隐喻

一般来说，要想将材料本身与其背后所携带的意识形态、文化属性完全隔离是不可能的，因为不同的材料在日常观念中早已形成了相对稳定的解释。所有的“物”都不单纯是一个“物”本身，而是在一定的观念系统的全景之下成为这个“物”的。就像人们看到春天的新芽觉得生机勃勃，看到秋天的落叶会感到悲凉凄切，这种相对固定的观念意识在人们看到材料物质属性的同时已经产生了作用。既然难以剥离，就应该将其也作为材料的固有属性，在设计时一并考虑。我们在使用竹子的时候同时将它作为中国文人精神象征物的属性也考虑在内，在使用车轮的时候同时提醒自己这也是汽车文化的象征。由于拓展了对材料的理解，创作的思路也将发生变化，我们所使用的物并不只是物本身，还包含了这个物在人们的日常生活中所打磨出来的包浆。

这时，所谓的材料就已经不只是物质本身，也包括人们的观念系统。建筑师王澍、陆文宇合作的宁波美术馆（图 163）就将设计方案根植在材料背后强

164 奥利弗·毕晓普发起的改造废旧的垃圾箱的社区艺术活动。

大的观念系统之中。宁波美术馆原来是拥有 100 多年的轮船运营史的宁波轮渡码头，为了使新的美术馆建筑沿袭城市的记忆，他用传统的宁波青砖作基座，上部材料则使用船与港口的建造主材——钢木，取材于敦煌的沿江青砖基座上的洞窟，呼应的是宁波人曾由此地去普陀进香的回忆。因为材料所建构的强大文化寓意让这座美术馆超越其功能，成为了宁波这座城市的纪念碑。

材料作为设计的语言，就有它既定的语法。不同材料在不同时期、不同环境中所呈现的物质属性、文化隐喻都是材料运用中不可忽视的特点。但这并不意味着设计师就只能为物所役，因循守旧。恰恰相反，在了解材料的种种特点之后进行理解的、尊重的，同时又颠覆的、实验的创新和转化才能真正让自己的创作回应日常生活，影响日常观念。伦敦大学戈德史密斯学院（Goldsmiths, University of London）的毕业生奥利弗·毕晓普（Oliver Bishop）用废旧的垃圾箱发起的社区艺术活动则用更贴近生活的方式激发了物的可能（图 164）。他们通过网站联合的模式，收集伦敦市区那些没用的废旧垃圾箱，把它们加以改造后放回社区空间，这些创意颠覆了人们对垃圾箱的既定认识，通常这些既有观念越根深蒂固，错用也就越能制造惊喜。

六、设计展示与呈现

由于公共艺术设计与创作成果需要由委托方、专家、公众进行筛选与评价，为了清晰地表达设计创作理念和作品呈现，公共艺术设计应在不同阶段完成完整的成果资料，成果文件包括文本与图纸、模型与小稿、动画与影像三个主要部分。

1. 文本与图纸

设计与创作文本是公共艺术设计方案阶段的重要成果，一般是以图文方式对设计与创作方案进行全面、清晰的阐释与解读，使公共艺术项目的委托方、公众等参与各方能够准确理解设计师或艺术家对于公共艺术项目的认识与理解，方案的创作思想、观念，以及方案的艺术呈现方式与艺术效果。文本成果是设计与创作方案的综合呈现，应根据场地调研与分析、设计策划以及创作思考提出系统性的观点与结论，形成完整的设计创作方案，一般包括场地调研、项目分析、设计与创作目标、创作主题、具体创作方案等内容，并需要满足委托方的具体要求。

图纸资料是设计与创作过程中准确传达设计创意与创作思想的图形文件，是公共艺术设计成果的核心与主体。方案创作阶段图纸资料一般包括场地分析图，场地平面图、竖向图，作品的平面图、立面图，作品透视图、效果图（图 165、图 166）。方案创作阶段图纸资料的主要作用是准确清晰地表达与展示设计创作

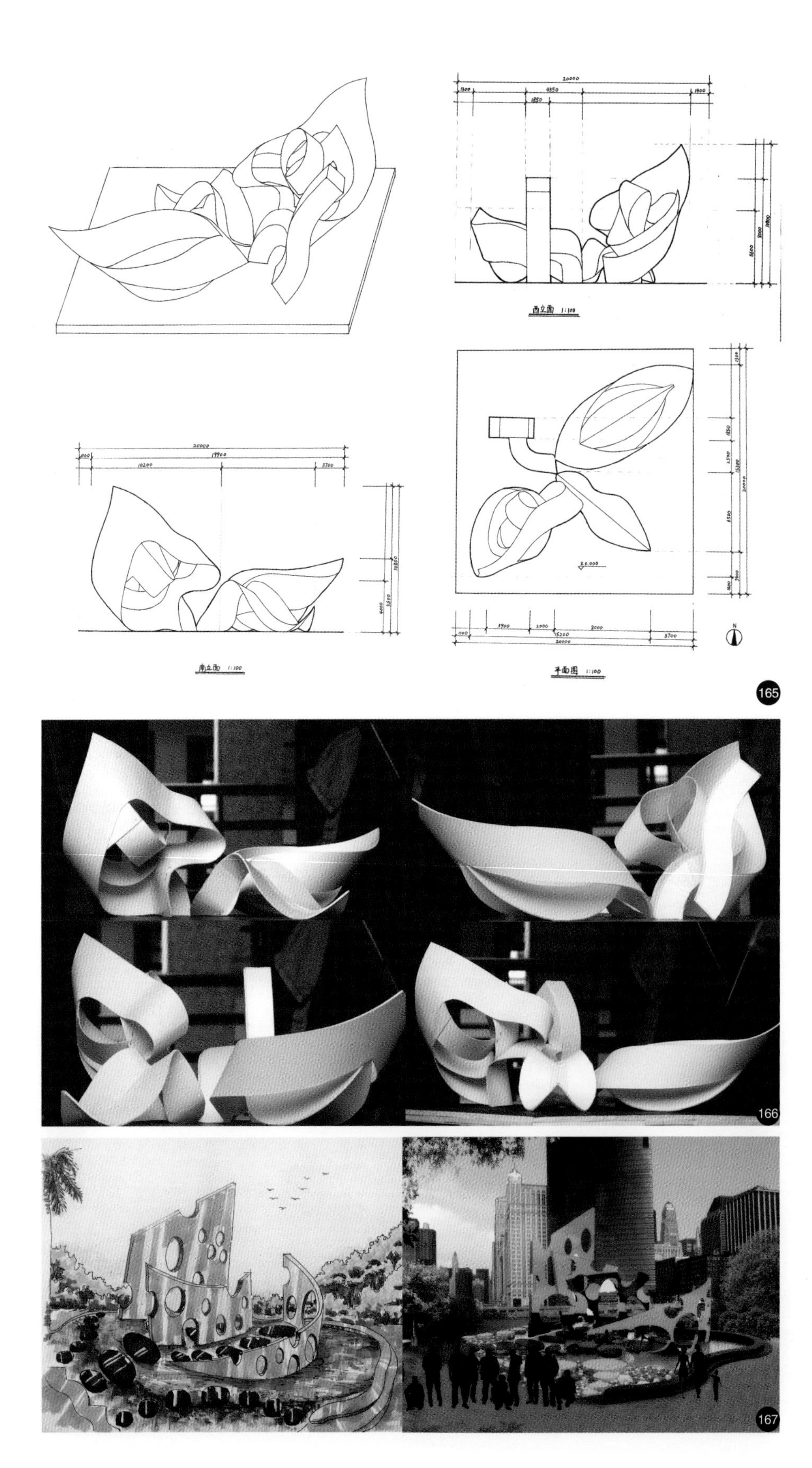
西立面 1:100
南立面 1:100
平面图 1:100
165
166
167

的创意与思想。施工制作阶段图纸资料一般包括图纸说明，确定的作品效果图、场地平面图、竖向图，作品平面图、立面图、剖面图、基础图、局部大样图等。施工制作阶段图纸资料的深度必须满足作品施工制作的要求，其制图方式、文字与符号标注、线形、比例、图框都必须符合制图规范与标准。

2. 模型与小稿

165 学生作品《无题》平立面图，王洋。

166 学生作品《无题》空间模型，王洋。

167 学生作品《互动空间》方案草图与效果图，许润杭。

168 学生作品《怪物》空间模型、效果图及创作小稿，吕昌博。

空间模型与创作小稿是公共艺术设计过程中对作品进行推敲与完善的重要手段，也是作品展示与呈现的直观方式。空间模型主要表达公共艺术作品与城市空间要素之间的关系；创作小稿则较为直观地表达作品的形式、造型、材质、尺度、结构、色彩等艺术效果。通过空间模型、创作小稿和设计图纸，基本可以完整地表达公共艺术设计与创作方案（图 167、图 168）。

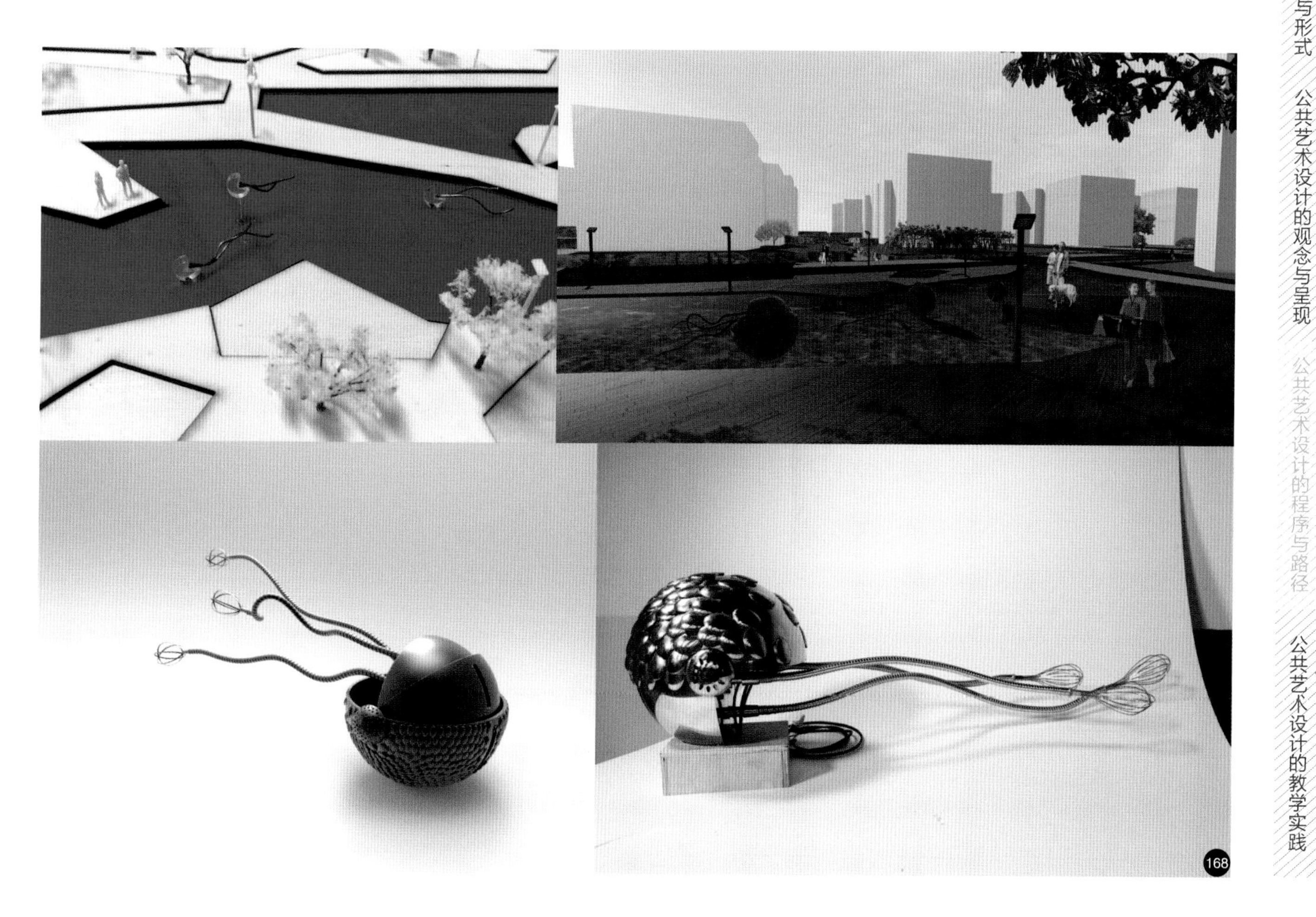
168

3. 动画与影像

在进行较大尺度的公共艺术设计与创作时，或采用动态、光电、影像等艺术形式。仅仅利用空间模型、创作小稿和设计图纸等方式无法全面准确表达设计与创作方案的时候，可以利用动画与影像的方式作为展示与呈现的主要方式。动画和影像演示可以更加直观生动地模拟设计效果，达到较好的方案展示目的。

课堂思考

1. 公共艺术的设计流程与设计师自由设计流程有什么区别?
2. 公共艺术设计和创作流程中的文化研究与社科领域的文化研究有什么不同?
3. 公共艺术策划的基本原则有哪些?
4. 在公共艺术作品中，材料起到了什么作用?
5. 一个公共艺术方案的完整呈现需要哪些要素?

Chapter 6

公共艺术设计的教学实践

一、公共艺术设计思维与表达 102
二、空间设计基础 108
三、公共空间视觉文化研究 114
四、新媒介艺术实验 118
五、综合装置创作 123
六、城市公共空间艺术介入实验 132

本章选取了广州美术学院雕塑系公共雕塑专业（原公共艺术专业）的部分专业必修课程作为案例，探讨公共艺术设计专业在设计思维训练、空间基础训练、文化研究方法、新媒介实验、装置创作、艺术介入空间等专业能力方面构建的教学内容与方法。

一、公共艺术设计思维与表达

公共艺术设计思维与表达这个课程一般是公共艺术专业的第一门课，作为启蒙课程，它不只进行绘图技法训练，更要系统介绍公共艺术的创作方法和路径。从思维训练到图纸表达技法，事实上是在回应公共艺术教学中常常需要面对的问题，即“公共艺术要做什么？”的问题。当然对于这一问题学界一直颇有争议，也并非一个课程能彻底解决的，但本课程从方法论角度展开对于该问题的回应，用明确创作任务和创作方法的方式，为厘清公共艺术概念的内涵和外延提供一种可能（图 169）。

1. 课程综述

“公共艺术设计思维与表达”这一课程是针对公共艺术专业设计的基础必修课程。我们知道，公共艺术创作不同于个人艺术创作，在具体项目中，往往需要综合考虑公共资源、城市空间形态、委托方意向、项目沟通协调等多方面的影响，因此，公共艺术创作需要一整套更为专业和理性的工作方法，来确保创作效率，在创作中让思维持续保持活跃开放的状态，让沟通和表达更为清晰有效。本课程正是针对公共艺术的创作特点，结合设计学中激活创意和表达方案的经验，解决在创作流程中所需要面对的，“如何快速拓展思路”、“如何有效表达想法”等一系列问题。

2. 课程目标与要求

对于公共艺术的学习者来说，养成良好的工作习惯，掌握基本的创意思维方法，熟悉图纸表达技巧是非常重要的，这些方法在公共艺术设计中将会不断被使用。通过反复的训练和打磨，将思维方法和技巧转变为创作能力，这正是专业学习的最终目标。对于本课程来说，首先，需要同学们了解公共艺术设计的特点和基本流程。其次，能够掌握联想法、逆向思维法、系统分析法等激发创意思维的基本方法，并可以在不同的命题中灵活使用。再次，能够用完整、清晰和美观的手绘图纸表达创意方案。

3. 教学实践与记录

本课程主要分为“公共艺术的工作方法”、“思维训练”、“方案表达”三个阶段。

“公共艺术的工作方法”部分主要由教师讲授，而“思维训练”、“方案表达”部分则由教师讲授、学生练习以及作业讨论组成。将复杂的工作方法培养落实为一个个小而实在的专项练习，通过作业讨论来即时掌握学生的学习进度，解决作业中出现的疑惑和难点，提高专业能力。

第一部分介绍“公共艺术的工作方法”，需要提纲挈领地展现公共艺术创作的整个系统，包括公共艺术创作的特点、公共艺术创作所需要涉及的理论基础、公共艺术创作的一般流程、公共艺术的评价标准等等。通过工作方法的介绍呈现整体教学体系，建构起专业学习的总体框架。让学生对本专业需要掌握的专业能力有一个宏观而清晰的认识，明确学习目标，同时也能够对本课程需要掌握的能力有一个初步了解。

我们可以将第一部分“公共艺术工作方法”介绍看作目录，目录的阅读可以让同学清晰学习系统，了解当前工作的位置，明确学习目的。在完成目录阅读之后就需要进入具体章节的学习。在“思维训练”的部分主要是为学生介绍各种激发脑力的方法，以帮助同学们在创作的时候能够迅速整理思路。事实上，在设计学和广告学中，人们已经积累了相当多的获得创意的方法，这些方法在公共艺术创作中同样适用。在这些方法中有单人可以尝试的联想法、类比法，也有依靠团队力量才能进行的头脑风暴法、“5W2H”法等。

其思路主要有三种形式：顺势联想式、逆势联想式、综合分析式。关于这三种思维模式，在本书的第五章第四节已有详细说明，此处就不再赘述。思维训练部分，方法的讲授只是一个部分，为了掌握这些基本的思考方法，大量的练习必不可少。因此，设计了一系列具有视觉艺术特点的思维拓展练习。

小贴士

一般来说关于公共艺术创作方法的讲授部分如果能与理论课程《公共艺术概论》配合，更相得益彰，通过对各种经典案例的分析，更为直观地将不同艺术家的工作方法、创作思维展现给学生，将原本抽象的方法论讲授具体化，更容易被理解，也更有利于同学们将不同的工作方法灵活地运用在创作之中。

169 公共艺术思维与表达课堂记录。

● **课题一：单一元素发散训练**

以 5cm × 5cm 的正方形 KT 板为基本元素，完成一组九个造型组合，要求九个造型依照九宫格形式摆放，让其横竖斜连线上的三个造型有一定的视觉逻辑（图 170）。

练习说明：

这个练习主要训练同学们的发散思维能力，其中的基本元素可以是“5cm × 5cm的正方形KT板”，也可以是“直径6cm的圆球形”或者“3cm × 5cm的长方形纸板”等任意形状，重要的是要学习通过增、减、折、扭、切、拼等各种方法来拓展思维，营造九宫格中的有一定视觉逻辑的造型效果。

170 单一元素发散训练习作。

● **课题二：相似形联想地图**

分别以方体、球体、锥体、圆柱体为原始形体，开始进行联想与其共有相似形态的物，并将这物体依照不同的变形方式进行分类，完成相似形地图（图 171）。

练习说明：

相似形联想地图的制作类似广告学的“头脑风暴法”，可以多人组成小组完成。在完成相似形联想地图的过程中，尽可能开放地进行联想，不要删减，在拥有一定的相似形数量之后，地图的创造力就会显现出来。

一方面可以通过分类来总结变形手法，并可以尝试将这些变形运用到其他物品之上。比如，在方体的相似形联想地图上，手机和冰箱之间的变形手法主要是“放大”，那么“放大”这一方式用到别的物体上是不是就会出现创作的可能？显然奥登伯格的作品已经做出了示范。另一方面，同一张相似形联想地图上的所有物可以随意联系互换来构成新的趣味。比如，球形地图上的眼球与苹果，是否可以做一个苹果形状的眼球雕塑呢？

171 相似形联想地图的集体练习。

● 课题三：资料库罗盘

运用系统分析法完成“灯光装置罗盘”，罗盘的各层包括：发光物、投射物、场所、组合方式等灯光装置的各个要素（图 172）。

练习说明：

资料库罗盘一般是针对有确定主题的创作来激发创意的办法，是系统分析法的最集中体现，要让自己的罗盘能真正成为强有力的创意激发工具，那么罗盘每一层上的信息就应该越细越好，这也就意味着资料库的收集应该越多越好。

在初步掌握整理思维的基本方法之后，就需要进入图纸表达部分的学习。在这个阶段，需要学习如何专业地表达头脑中的各种意象。方案表达的方式多种多样，可以用图纸、模型、文字、视频等不同的方式，然而手绘却是最直接迅速地记录思路的最佳办法，因此，在本次课程中将重点强调手绘图纸的表达。手绘图纸在透视、比例和质感表达上需要遵循一定的视觉规律，这就需要同学们完成大量的临摹练习。在设计领域，手绘表现已经有不少相对稳定的方法，对于画面中常用的建筑、景观、植物、人物等的画法都有一定的表现技巧，对于初学者来说，迅速地掌握这些技巧的最佳途径就是大量地临摹，从临摹中掌握线条的控制能力、分析质感的表达技巧、总结画面构图和透视规律。

当然，在练习时，手绘图纸的临摹也应该循序渐进分步骤来完成。比如，先进行质感表达的练习（图 173），再临摹主体建筑或雕塑，重点注意透视关系和质感表达（图 174），最后再完成整体场景的手绘图纸的临摹图（图 175），综合注意画面的构图、比例、透视、空间感等，总结规律，并尝试将规律运用到自己绘制的图纸中，举一反三，灵活使用。

172 关于“灯光装置”的资料库罗盘练习。

172

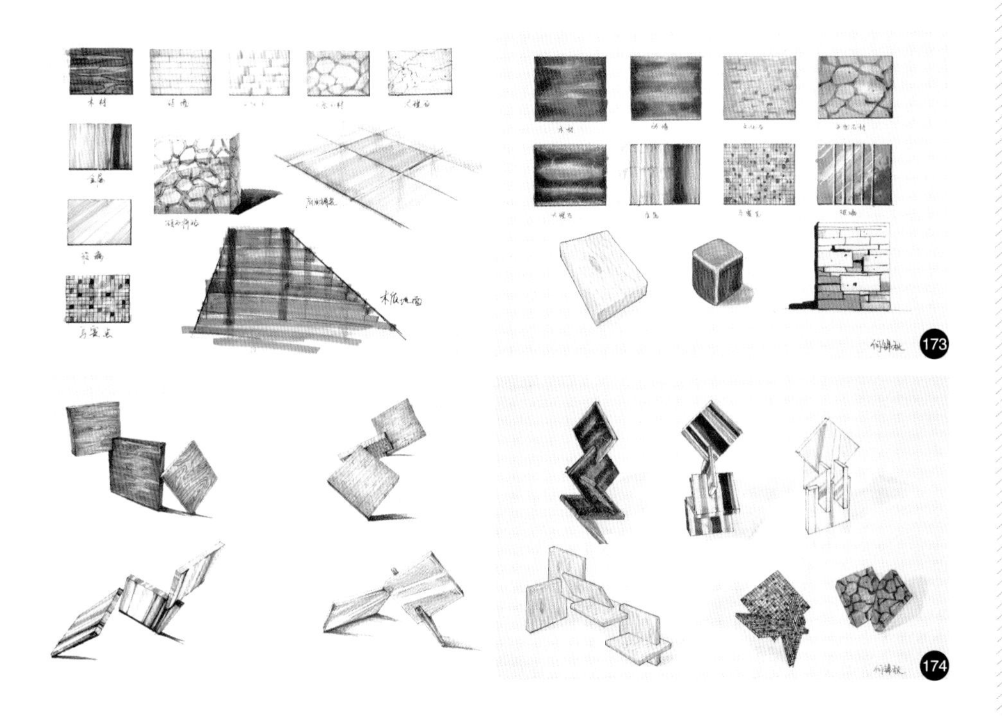

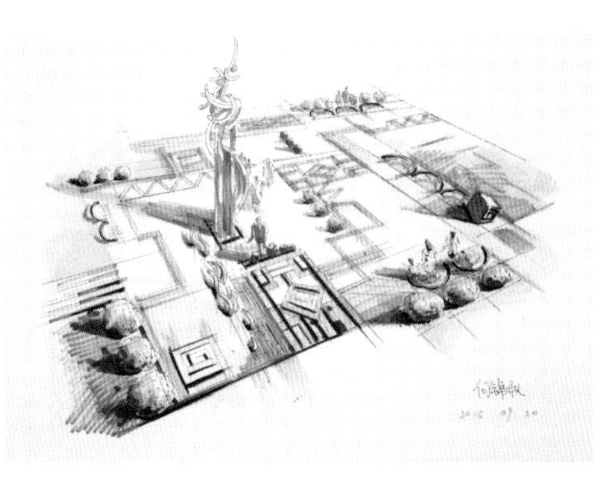

173 不同质感表现的临摹练习。

174 同一主体雕塑的不同质感表现。

175 整体场景的手绘图纸的临摹练习。

二、空间设计基础

1. 课程综述

在公共艺术设计与创作实践中，无论作品的观念、形式、材料如何，其呈现方式都将与城市、景观、建筑等空间发生关联。对于公共艺术专业而言，空间感知、空间想象和空间思维能力的强弱直接影响学生的创作能力和专业发展。因此，空间基础教学与训练应是公共艺术专业教学体系中的重要内容。

相对于设计学科的以建筑空间为主轴和以立体构成为主轴的两种空间基础教学模式而言，公共艺术专业的空间基础教学在培养学生空间设计基本技能的同时，更应强调个体的空间认知、空间思维和想象力的训练。空间设计基础课程就是以“空间认知与体验”、“空间生成与形态转译”、“空间的意象与气质”三个课题式教学的引入，使学生积极地参与到教学过程之中，在主动获得真实的经验感受的基础上，实现知识与技能的培养与训练，从而在技能、知识和综合素质方面，为专业发展提供良好的能力承托。

2. 课程目标与要求

空间设计基础课程旨在使学生基本了解和初步掌握空间设计的基本原理和基本方法，正确认识材料与形式、结构与空间、功能与场所这三个主要关系，并进一步探索空间设计的思维、语言、逻辑、形式和内涵，为公共艺术创作建立正确的空间观念和方法论基础。课程教学借鉴建筑学、设计学等相对完整的理论体系和教学模式，并针对公共艺术专业的特点与发展需要，以艺术介入空间的视角进行公共艺术专业空间设计基础的课程教学设计，以课题作为教学线索，搭建具有交叉性的知识模块，使学生建立较完整的理论框架和空间创作能力。

3. 教学实践与记录

● **课题一：空间认知与体验**

空间的认知，是我们调动思维和感官系统对空间进行主动体验的过程。在学生进入专业学习初期，我们试图使学生通过对生活空间的主动观察与联想，感知空间的真实存在，并形成个人的认知与理解。教学通过“生活中的空间经历”和“减法形成空间”两个子课题的介入，引发对空间问题的探寻，鼓励学生通过独立分析与思考去解决问题和完成课程任务，建立对空间的兴趣与探究精神，为下一步的学习建立空间认知的基本框架。

“生活中的空间经历”是要求学生选择一个自己感兴趣的空间进行观察与

记录，可以是某个城市空间、室内空间，抑或是某个物品空间，抽屉、容器，甚至是海螺、竹筒、树洞……分析个人为什么感兴趣？这个空间与个人生活经历有什么关系？这个空间有什么特征？一旦我们开始了对空间的关注与思考，那么我们就打开了认识空间的第一道门。

“减法形成空间”是要求将一个简单的几何形体进行切削，从而形成一个新的形态。通过几何形体在切削过程中的前后形态的变化，我们可以体会到空间的产生，并体验对空间虚实的感知。并且通过不同的光影观察，单一质感的空间形态由于其形态的变化呈现丰富的光影层次，进而帮助我们推敲形体的空间形式和虚实变化之间的视觉关系，使学生感知体验空间的形体与体量、虚与实、光与影等空间的基本认知（图 176、图 177、图 178、图 179、图 180、图 181）。

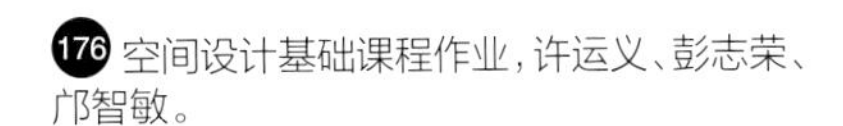

176 空间设计基础课程作业，许运义、彭志荣、邝智敏。

177 空间设计基础课程作业，简柏榕、陈鸣琦、区荣林。

178 空间设计基础课程作业，洪紫翎、唐书琪、何锦秋。

179 空间设计基础课程作业，陈春彬、刘佳天、何发敏。

180 空间设计基础课程作业，张菽容、卢巧颖、景航颀。

181 空间设计基础课程作业，张枫仪、曾富强、邓嘉铭。

● 课题二：空间生成与形态转译

空间的生成有减法形成和加法形成两种方式。减法形成空间是一个由实到虚的过程，而加法形成空间则是一个由虚到实的过程，是由实体的介入而创造空间。减法形成空间倾向于直觉和感性，强化空间意识与空间感知；加法形成空间具有递进性特征，强调空间形成的逻辑与理性认知。

本课题就是以加法形成空间的原则训练和强化学生从二维到三维空间形态的创造能力。课题要求学生从一个基本元素出发，通过预设的生成逻辑和线索进行不断的组合和反复尝试。在无法预知结果的过程中体验空间的生成、组合与变化，从而寻找个人化的空间认知通道和理解空间的基础路径（图 182、图 183、图 184）。

182 空间设计基础课程作业，李锡浩、杨鑫、蔡莹莹。

183 空间设计基础课程作业，黄耀龙、阮俊亨、香智杰。

184 空间设计基础课程作业，付宇、邓思林、杨景瑜。

182

183

184

● 课题三：空间的意象与气质

在经历上述课题的训练后，我们将从空间的感性认知进入到理性思考与设计创造的过程中。通过我们集体性和个体性共存的空间经验，以及对物理性特征的感知使空间具有了意象与气质、情感与生命。

本课题就是学习利用集体性经验所形成的空间形式法则，对空间的尺度、体量、围合方式、材料、质地、色彩，以及光线的强弱、声音特征等空间的物理性特征进行理性设计，使学生建立个人对空间真实独立的理解与认知，培养学生空间利用与创作能力。

本课题采用虚题实做的方式，要求以 30m × 30m 场地为创作基地，选择一个主题概念（动、静、上升、张力、重力、快、慢、速度、运动、风……），以这个主题意象创作一件空间作品。本课题通过对空间的基本概念、空间的构成要素、空间的形式与组合、空间的秩序原理等空间基础理论和形式法则的探讨，以及建筑制图、模型制作的训练和实践，使学生建立空间塑造的基本概念和设计技能，并初步掌握空间设计的流程、方法与原则（图 185、图 186、图 187、图 188、图 189）。

185 空间设计基础课程作业，王哲、杨云杰、陈文仪。

186 空间设计基础课程作业，关志辉、苏逸戈、江珊珊。

187 空间设计基础课程作业，李东沐。

185

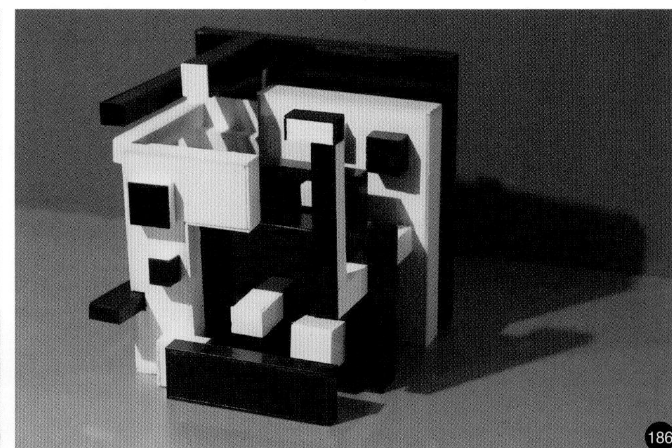

186

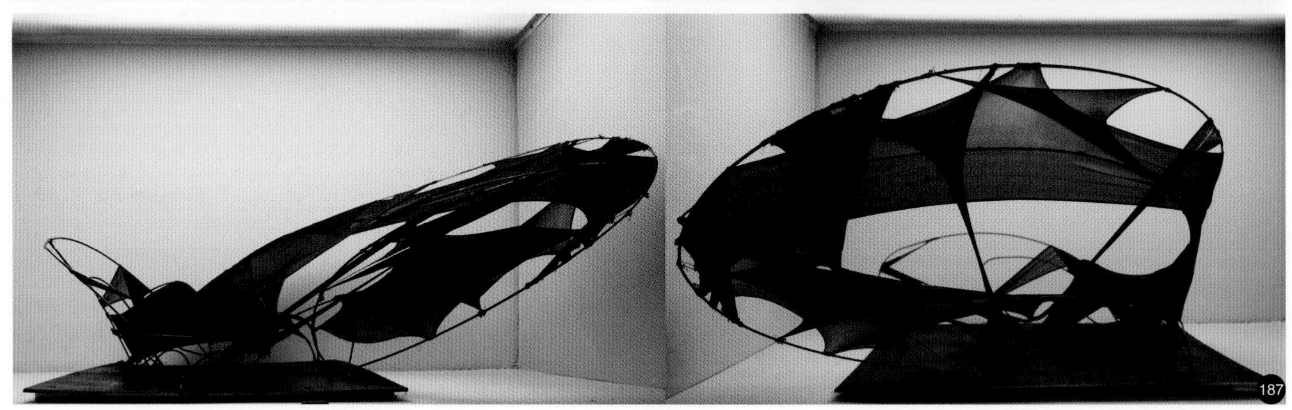

187

188 空间设计基础课程作业，邓莹莹。

189 空间设计基础课程作业，刘雨彤。

4. 教学反思

任何一种知识，如果没有内化成为个体的真实经验和自主意识，那么它仅仅是“知道”而已。对于空间基础教学而言，空间感知、空间思维和空间扩展等能力的培养，更加需要自然而然地发生与生长，而非仅仅是空间知识的获得。在教学过程中，我们强调引发学生的兴趣和主观能动性，鼓励和引导学生开展各种有关空间的训练与尝试，突破各种标准、范例的教条与限制。在“天马行空”、“随心所欲”的自由状态下，调动学生自身的学习潜能，从而建立一种理想的学习状态。并希望每一个学生都能通过独立思考获得对于空间的真实经验，并通过个体经验的积累，形成对空间的直觉认知，从而进一步形成空间探究的能力。我们认为对于空间的学习，不应是告诉学生花朵的妩媚，而是希望在他们心中种下一颗种子，在以后的专业道路上发芽、生长、开花、结果。

190 安徽黟县徽韵砖雕工厂中听工厂老师傅讲解砖雕图示的新变化。

191 海南博鳌进行“海南旅游文化考察”中，使用问卷调查方式对游客进行采访。

192 福建惠安荣发石雕工厂中尚未拼合的巨型妈祖像部件。

三、公共空间视觉文化研究

1. 课程综述

对于公共艺术专业的学生来说，在创作中，常常会遭遇“地方文化”、“城市文化”、“传统文化”等一系列创作要求，那么这种种的“文化”到底指向什么，它是如何建构、传播以及被描述的？它是如何被视觉化？又是否可以被重新表征？这都是公共艺术创作者需要思考的问题。因此在本课程中，将以文化研究的方法引导学生从视觉文化生产的角度理解公共艺术，建立有社会感和历史感的创作眼光。

从操作层面来说，本课程是从传统的“下乡” 课程的基础之上发展而来的。它将社会学和人类学的观察方法和分析方法引入艺术创作过程，将“下乡”课程中传统的写生训练转化为社会调查或田野观察方法的训练，将艺术专业学生所敏感的视觉现象与社会思想联系起来，让学生能够展开对公共空间的某一视觉现象的全景描绘，在此基础上形成对于特定视觉文化现象的整体理解。

2. 课程目标与要求

在公共艺术专业开设以文化研究为创作方法的课程，首先就是要求同学们跨越学科的限制，不局限在视觉形式感的逻辑范畴，主动使用社会调查、田野观察等方法，拓展自己的眼界，改变自己的观察角度，更为深入地分析特定视觉现象背后的意识形态和生产方式。其次，需要同学们在建立对视觉现象的全局理解之后，能够将其运用于自己的创作之中，即在广阔的文化框架中定位研究和组织创作的初步能力。最后，希望文化研究能够成为同学们的基本创作意识，融入未来的公共艺术创作之中。

3. 教学实践与记录

一般来说，在公共空间视觉文化研究课程授课中，需要根据不同的地点选择不同的考察主题，在授课内容上也不尽相同，但整个课程基本可以分为三个阶段。

● **第一阶段：文化研究理论与工作方法的讲授**

这一阶段主要是理论准备阶段。文化研究的基本理论讲授主要介绍什么是文化研究，在文化研究关注的话题中选择与公共领域相关的日常生活分析、城市景观研究、消费文化分析等等案例进行分析。当然针对不同的下乡目的地，理论的讲述也可以有侧重点。下乡的目的地如果是城市可以侧重消费文化分析或景观社会分析，如果下乡的目的地是乡村则需要涉及乡村建设理论等。

同时，需要在下乡之前介绍社会调查的工作方法，包括：社会调查工作中收集素材的办法有哪些，文献法、问卷法、访谈法等等，重点介绍观察法，包括如何选择观察对象，如何制定观察对象，观察报告应该如何撰写等等。在理论准备和工作方法介绍的阶段可以选读包括阿雷恩 · 鲍尔德温的《文化研究导论》、费孝通的《社会调查自白》、莫里斯 · 哈布瓦赫《论集体记忆》、艾尔 · 巴比的《社会研究方法》等介绍社会学和人类学工作方法和研究原理的参考书籍，泛读、速读在脑海里留下大致的印象，为下一步的观察和记录建立理论框架。

作业：

在教师给出的框架下，分组完成对下乡目的地的文献资料收集工作，并进行 PPT 讲解。

● **第二阶段：下乡期间的观察与记录**

一般来说，在下乡之前通过分组的 PPT 讲解，可以让所有的同学对目的地

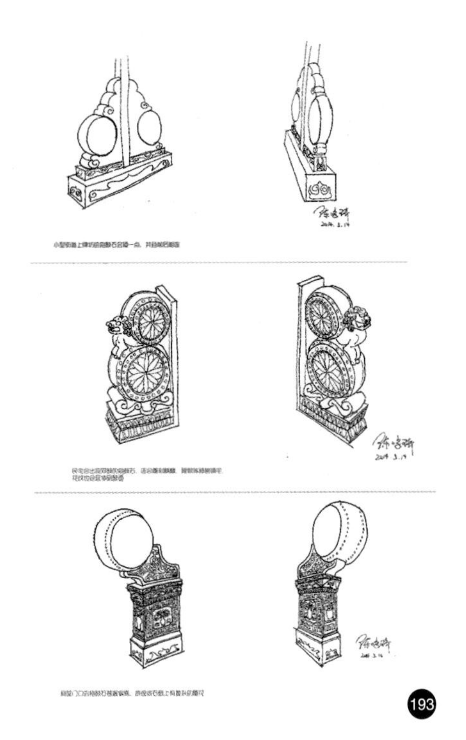

193 学生在安徽下乡时完成的关于徽州传统建筑构筑物石鼓的观察速写。

有一个初步的认识，同时也会产生一定的期待或者猜想。而在下乡过程中，这既定的印象将会被强化或颠覆。在下乡期间，同学们需要在老师的指导下制定观察计划，每天完成观察记录。教师需要针对观察过程中涉及的问题，组织讨论课，提出自己的看法，供同学们思考。

下乡期间的观察和记录可以根据不同的地点和主题选择不同的方式。比如2012年在海南做的“海南旅游文化考察”时选择使用问卷调查（图191）的方式，给出了针对当地居民、游客的两份不同的问卷，通过问卷统计的方式来获得调查数据，更新既定认识。而在2013年厦门做的“侨乡与移民文化考察”（图192），2014年在徽州做的“徽州笔墨图像考察”（图190）时则更多使用田野观察法，以跟踪记录的方式来获得信息。

作业：

不同的工作方式需要给出的作业也不同。

问卷调查需要组织全体同学共同完成问卷的设计，然后分组发放问卷，完成统计，并将调查过程中所遭遇的问题和困难记录下来，形成笔记。用田野观察法需要完成一系列的图像记录工作。比如在徽州下乡时，选择以一个物为对象，它可以是建筑物件、工艺品、生活用品、植物等等，用多张速写加文字的方式记录它过去和现在的造型、材质、象征、使用功能等的变化（图193）。

● **第三阶段：后期的资料整理和创作**

在这个阶段需要学生们对下乡过程中收集的视觉素材进行思考和整理，分析观察笔记，分组讨论创作主题。这时，教师可以辅助进行两次创作方法课程的讲授，主要介绍以文化研究出发来进行创作的各种案例，并分析这些案例中常用的艺术转化手法，以供学生参考或批判。最终学生需要提交一个完整的创作方案并且进行有效的展示（图194、图195、图196）。

作业：

针对下乡地点提交一个公共艺术创作方案，方案以图纸、展板、画册、模型等全因素展示（图197、图198）。

4. 教学反思

公共艺术作为一种与日常生活紧密相关的艺术形式，其发展无不与大众文化的兴起、主流意识形态的变化、社会思潮更迭息息相关。“公共空间视觉文化研究”这样的课程不仅只是为了寻找公共艺术与地方文化的关联，更是为了提供反思的契机，一方面让我们了解自己所熟悉的艺术创作方法在公共艺术领域的局限性，另一方面反思公共艺术对于日常生活的影响能力。用反思来改变创作惯性，培养同学们以文化研究为方法，突破形式感和美感的局限，从思想和文化角度来理解分析视觉景观、主动参与社会文化生产创作诉求。

194

195

196

197

198

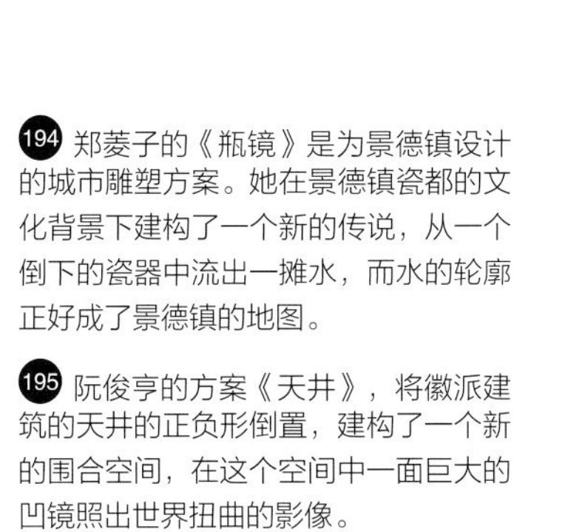

194 郑菱子的《瓶镜》是为景德镇设计的城市雕塑方案。她在景德镇瓷都的文化背景下建构了一个新的传说，从一个倒下的瓷器中流出一摊水，而水的轮廓正好成了景德镇的地图。

195 阮俊亨的方案《天井》，将徽派建筑的天井的正负形倒置，建构了一个新的围合空间，在这个空间中一面巨大的凹镜照出世界扭曲的影像。

196 杨云杰的《光线》是为徽州乡村设计的一款路灯。它以徽州春天的油菜花为原型，晚上LED灯光亮起，通体透明，别具特色。

197 陈鸣琦的方案《牌坊》的整体呈现。

198 苏逸戈的方案《影》的整体呈现。

四、新媒介艺术实验

1. 课程综述

20 世纪的科技进步给当代艺术带来了巨大变革，新媒介艺术成为当代艺术重要的类型之一。新材料、新技术、新媒介的出现与发展，以及由此带来的全新的艺术表现力极大地拓展了公共艺术设计与创作的观念、媒介与表现形式。《新媒介艺术实验》课程就是在此背景下，通过艺术与技术的双向教学，使学生了解与尝试新的技术、材料与媒介在公共艺术设计与创作中的应用，以及在艺术呈现方面的可能性。在具体教学中，采取跨学科合作，聘请优秀技术人员参与教学，通过新媒体艺术理论讲授、国际最新的新媒体艺术案例分析、技术与材料的学习试验、新媒介艺术创作指导等综合内容与形式手段进行教学，尝试与多学科产生交叉与合作的可能性，拓展公共艺术设计与创作的表达方式。

2. 课程目标与要求

《新媒介艺术实验》课程秉承“跨媒介整合”的教学理念，课程教学鼓励学生在媒介、材料和技术选择上的创新，注重培养学生实验精神，提倡跨学科、跨领域的交叉学习与艺术创作，使学生建立起开阔的视野和综合使用新型媒介的创作能力。

通过该课程的学习，培养学生将理论知识学习转化为创作实践，培养学生了解和初步掌握现代数字媒体、声光电综合媒介技术手段，通过理论与实践相结合的教学方式引导学生进一步思考新材料、新形式与公共艺术内涵的关系，充分挖掘学生对新媒体艺术创作的主观能动性，综合运用所学过的知识，实验性地创作实体、虚拟艺术作品，以达到培养具有创新意识和整合实践能力的跨媒介应用型人才的目标。

3. 教学实践与记录

新媒介艺术在中国的实践以及教育起步于 20 世纪 90 年代，但与之相适应的、系统的新媒介艺术理论和实践研究及其教材出版尚欠缺，对于公共艺术专业的教学经验同样也在摸索阶段。在本课程的教学实践中，主要有理论讲授、新媒介技术实验和新媒介艺术创作三个部分。

理论教学部分主要从理论层面阐释新媒体艺术的基本概念。其中新媒介在技术、媒体、艺术层面上的区别和相互关系是重点之一，避免学生在概念上的误用和时间上的盲从。其次，理解新媒介艺术的特征和语言方式也是深入理解新媒体艺术的基石，通过国内外著名艺术家的艺术案例以及国际性展览作品进行分析说明，深化学生对新媒介艺术的理解，根据公共艺术的专业特点，重点突出动态装置、声光电艺术装置、交互装置等艺术形式与类型。

新媒介技术实验部分鼓励学生进行新媒体艺术手段或材料试验、技术的创新与形式拓展，要求学生选取一种自身感兴趣的非传统物质材料（声、光、电、气、味、体等）进行技术实验，从选取材料的基本物理属性、化学属性以及现有的形式入手进行实验。突破材料使用的固定思维模式，探索新的方式、方法来使用材料。此过程以“玩”为主，着重解决学生“不敢做”和“无从下手”等问题，激发学生动手实践的兴趣，积累新媒体材料、技术的操作经验与应用方法。

新媒介艺术创作部分，在对所选取的媒介足够了解之后，指导教师引导学生深入思考所选择媒介的文化属性。任何一种媒介材料都潜藏着不同的认知与文化属性，在不同的语境关系和角度下，有不同的解读结果与呈现。对此，本课程要求学生个人对新媒体材料以及形式有独立的理解与认知，并通过艺术表现手法组织表达艺术观念，创作一件有形式、有内涵的新媒体装置艺术作品，以逐步掌握新媒介艺术创作的基本方式，拓展艺术视野以及思想内涵，展现出学生对于自身状态、外界环境与社会热点等一系列问题的公共性思索，以期达到学以致用的教学原则。

● 作品《得》

从观念角度出发，试图通过动态雕塑的方式，来表达关于“水”的哲学思考。作品通过简单的力学传动结构形成一件动态装置，表现了日常生活中的“夹、舀、切”常用动作，简单而平凡的行为方式传达出深刻的人文哲学内涵（图 199）。

199 学生作品《得》，黄天佑、于强、李嘉仪。

● **作品《八蚊鸡乐队》**

以现成品玩具“惨叫鸡”进行创作，并赋予“惨叫鸡”以性格形象，配合不同时期的典型形象，形成一组具有新意的新媒体装置作品。作品通过编程，将预先录制好的节奏转化成机械夹子的动力，进而夹住“惨叫鸡”并发出声音。作品创作完整，形式感强，具有强烈的艺术感染力（图 200）。

200 学生作品《八蚊鸡乐队》，邓莹莹、颜炜珊、徐杰城。

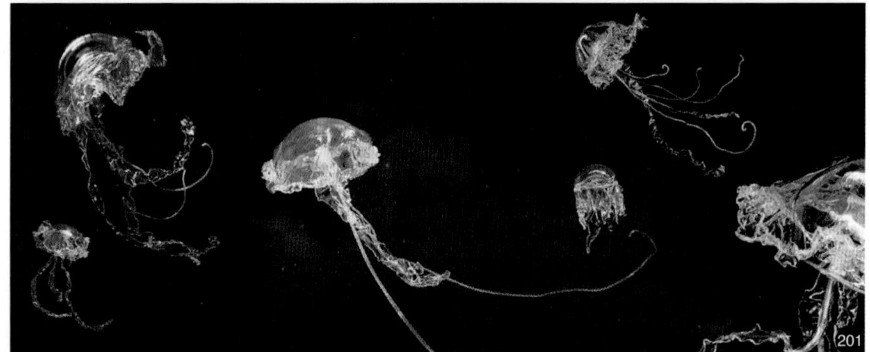

201 学生作品《水母》，李彦、陈俞全、孙芳惠敏。

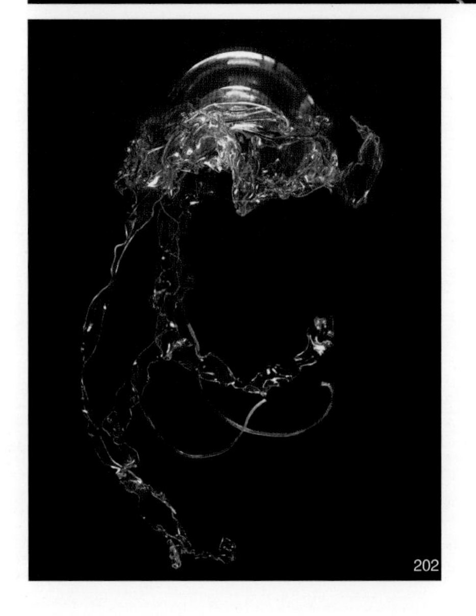

202 学生作品《水母》（局部），李彦、陈俞全、孙芳惠敏。

● **作品《水母》**

通过对亚克力材料的研究，通过物理加热，从而达到塑型的目的，表现了水母透明、柔软、复杂多变的躯体和绚丽梦幻的色彩。配合新媒介的投影以及音乐的渲染，让人感受到这种来自六亿五千万年前的古老生物身上散发的独特魅力，营造出一种梦幻般的意境（图 201、图 202）。

● 作品《他们 — 切片》

以手语作为创作出发点，并关注生活在社会底层的劳动阶层，提取不同职业的代表元素，反映这一群体的集体状态。该作品使用大量的数字舵机，通过编程的方式控制每根手指的运动，进而呈现出不同的手语造型，具有深刻的公共性内涵（图 203）。

203

● 作品《PURE VOICE》

通过心率感应装置感应观众的心率，并把它转化成机械动力，以不同的力量拨动琴弦并发出音乐的声音，使人感受到自己的“心声”，并且可以通过几个人同时的“心声”形成动人的乐章。作品以“声音”为媒介进行艺术创作，展现了新的媒介的艺术表现力，并同时具有较强的互动性与公众参与性（图 204）。

204

203 学生作品《他们 — 切片》，余远珩、张其祥、陈中良。

204 学生作品《PURE VOICE》，王哲、陈文仪、谢宇。

● 作品《“窥”甲》

这是一件披着红色披风的盔甲，当有人走近，它便会发光，甲片卷起，人们离去，便会恢复原状。甲片使用了一种比较特殊的金属片——热双金属片，是由两个（或多个）具有不同热膨胀系数的金属或合金组合层牢固地结合在一起的复合材料，当它受热便会弯曲。盔甲内部装有六根发热管，当人们走近去观察它时便会触发超声波的感应开关，发热管发出红光发热，甲片卷起，这不知是因为人们的“窥探”使它发出的警戒，还是它与人交流的一种方式（图205、图206）？

205 学生作品《“窥”甲》，简伯榕、江姗姗、黎秋仪。

206 学生作品《“窥”甲》，简伯榕、江姗姗、黎秋仪。

4. 教学反思

作为新的艺术表现形式，新媒介艺术极大地拓展了公共艺术设计与创作的观念与形式，是公共艺术创作实践与专业教学中的重要内容。但在具体创作实践与教学中，如何避免强调技术展示与特殊材料物理属性的简单呈现，以及材料技术与公共艺术设计之间的互动关系将是新媒介艺术创作和课程教学的重要课题。

五、综合装置创作

1. 课程综述

综合装置创作课程是广州美术学院公共雕塑专业方向五年级上学期的专业必修课程，共 6 周（96 学时），是在互动装置设计、新媒介艺术实验与城市空间调研等课程基础上设置的综合性创作课程。该课程延续性强、针对性明确，旨在通过对当代装置艺术进行全面的梳理总结，并全面探讨装置艺术创作介入到城市公共空间的可能性。教学中强调综合能力的培养，如：设计调研、PPT 方案制作与讲演讨论、展板设计、现场展示等环节，既展现了大五课程的全面性要求，也为毕业创作做了充分的准备。为了体现本专业方向对于城市公共空间与大众文化的关注，该课程尝试与城市具体空间或特定项目连接，进而形成具有实操性与前瞻性的城市性综合装置创作课程。

2. 课程目标与要求

通过讲授综合装置相关理论、案例分析和创作实践三个环节全面提升学生的创作能力。学习对材料与现成品的选择、利用、改造、组合，并深入思考不同媒介的物理、文化属性。鼓励学生进行材料试验，技术创新与形式拓展，提高大家对于特定或虚拟场所的敏锐感知能力，探索展示方式的多种可能以及在空间场域中所产生的视知觉效应。注重作品的观念性与思想性传递，鼓励作品的呈现形式多样。培养创意构思、调研分析、PPT 讲演、草图手绘、装置创作、展板与图册设计、空间展示的综合能力。

207 综合装置课程理论教学与课件 1。

208 综合装置课程理论教学与课件 2。

3. 教学实践与记录

207

208

● **课程一：理论授课与课堂交流**

该课题为课程进行的第 1 周。将围绕国内外展馆中的实验性、观念性艺术装置与城市户外空间的景观装置等案例，以 PPT 专题课件教学的方式让学生了解综合装置艺术的基本概念、类型与创作方法。并深入探讨综合装置创作中如创意表达、材料与媒介特性、先进技术、展示方式、场域空间、感知效应等各类问题。结合课程方向，重点分析实验性装置、景观空间装置在城市空间中的创作与应用。

课件专题分为：

（1）《装置艺术的现代语言——媒介 · 场所 · 展示 · 综合》；（2）《装置艺术与城市空间——实验性装置与景观装置》。同时，通过课堂交流，对大家感兴趣的知识点进行针对性补充（图 207、图 208）。

● **课程二：实地调研与方案讨论**

该课题为课程进行的第 2–3 周。根据选定的地点空间或具体项目进行实地调研，个人或分组形式展开均可。从数据采集、调研分析到设计洞察，要求学生结合空间特性、地域文化、项目要求等方面进行资料收集，完成调研报告与创意方案后进行讲演与讨论。调研环节，根据需要合理采用观察法、问卷法、访谈法、焦点小组法等方式，亦可根据实际进展安排 2–3 次的实地调研，尽可能做到细致实效（图 209）。方案讨论环节，要求学生能很好地组织好调研数据、创意构思和手绘草图进行 PPT 展示与陈述，其他同学也可以提出自己的意见。在探讨与深化中，最终形成理想的创作方案（图 210）。

● **课程三：模型创作与指导**

该课题为课程进行的第 4–5 周。根据学生在创作实施阶段出现的问题，进行实时引导与技术辅助，并辅导学生对最终展示效果进行思考，以达到教学目标（图 211）。

209 综合装置课程实地调研分析与汇报。

210 综合装置课程创作方案汇报与讨论。

211 综合装置课程学生郑凯笛模型制作与指导 。

● 课题四：展板设计与综合展示

该课题为课程进行的第6周，也是结课与汇评打分环节。综合展示环节包括：创作实物或模型、展板、图册三个部分。学生们也可通过电脑建模与场景渲染或视频剪辑等方式丰富展示效果。综合展示中需综合考虑实物、展板、图册之间的高度、位置及空间关系。进一步培养学生们排版设计、空间布置的综合能力。

212 学生作品《传承》，骆靖云，为广东香雪制药集团总部大楼创作的影像装置。

213 学生作品《竹风》，汤煜，为广东香雪制药集团总部大楼墙面创作的气味装置 。

● 作品《传承》

该作品把握香雪制药的“厚生，臻善，维新”的文化理念，以岭南气候、养生文化、中医理论相结合的广东凉茶为题材，融入中国传统文化中的“竹筒”、“屏风”等元素，并利用投影技术所创作的富有现代感的装置作品（图212）。

● 作品《竹风》

该作品是一件以气味来契合企业文化精神的橱窗式装置，通过在竹筒内巧妙地设置雾化装置，将含有中药成分的液体进行气味传播，在给观众带去奇妙嗅觉体验的同时，营造出制药厂的特定空间氛围（图213）。

214 学生作品《经渡》，马敏仪，为广东香雪制药集团厂区创作的空间装置。

● **作品《经渡》**

该作品选取《黄帝内经》中的《素问》章节，设想以翻开一页古书的方式在厂区中呈现。大尺度的镂空书法在阳光下如同可穿行的光影长廊，随着年月变迁的斑驳锈迹也预示着中国文化的源远流长（图 214）。

● 作品《生生不息》

学生突出了广州生物岛官洲地铁站的区域定位，在契合生态与科技的理念下，创作出温感涂层与地铁上盖结合的大型空间装置作品。树叶造型与分子结构图案的结合预示着绿色与生命，而内外部覆盖的可随温度升降而产生色变的感应涂层是整个作品的亮点，观者可以在参与中感受到强烈的科技感（图 215）。

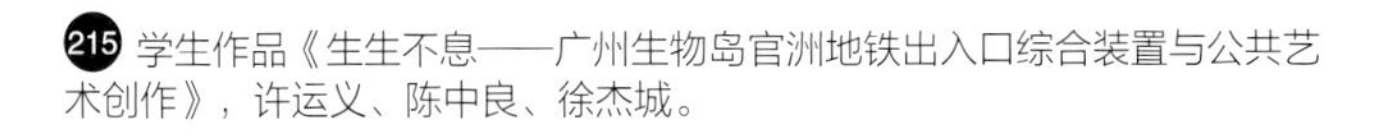

215 学生作品《生生不息——广州生物岛官洲地铁出入口综合装置与公共艺术创作》，许运义、陈中良、徐杰城。

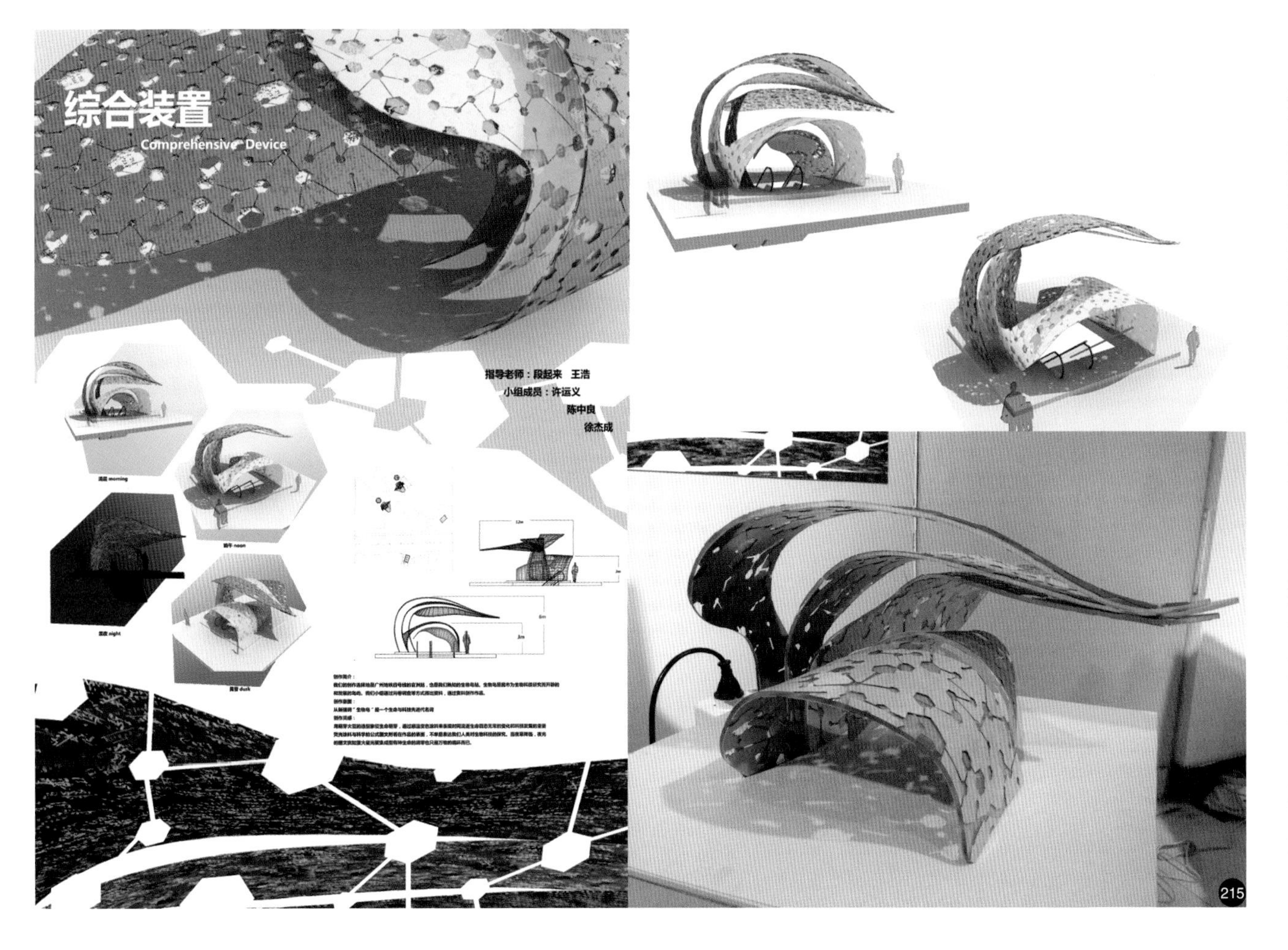

● 作品《八窗玲珑》

该作品选择了广州东山口地铁出入口进行综合装置与公共艺术创作，旨在重新复苏大众对于城市中重要历史地理位置的记忆。该组同学从区域里最具年代特征的小洋楼中提取了窗花、砖墙、纹理及红、黄、绿等相关形态与色彩元素，并用具有现代构成意味的形式进行外观设计。此外，学生关注“东山少爷”这一特定岭南历史人群，在广场中设置了“东山少爷”旋转雕塑装置与若干风格统一的照明装置，以综合的理念提升了该站点的艺术品位（图 216）。

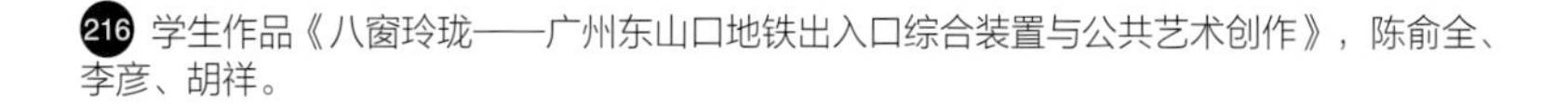

216 学生作品《八窗玲珑——广州东山口地铁出入口综合装置与公共艺术创作》，陈俞全、李彦、胡祥。

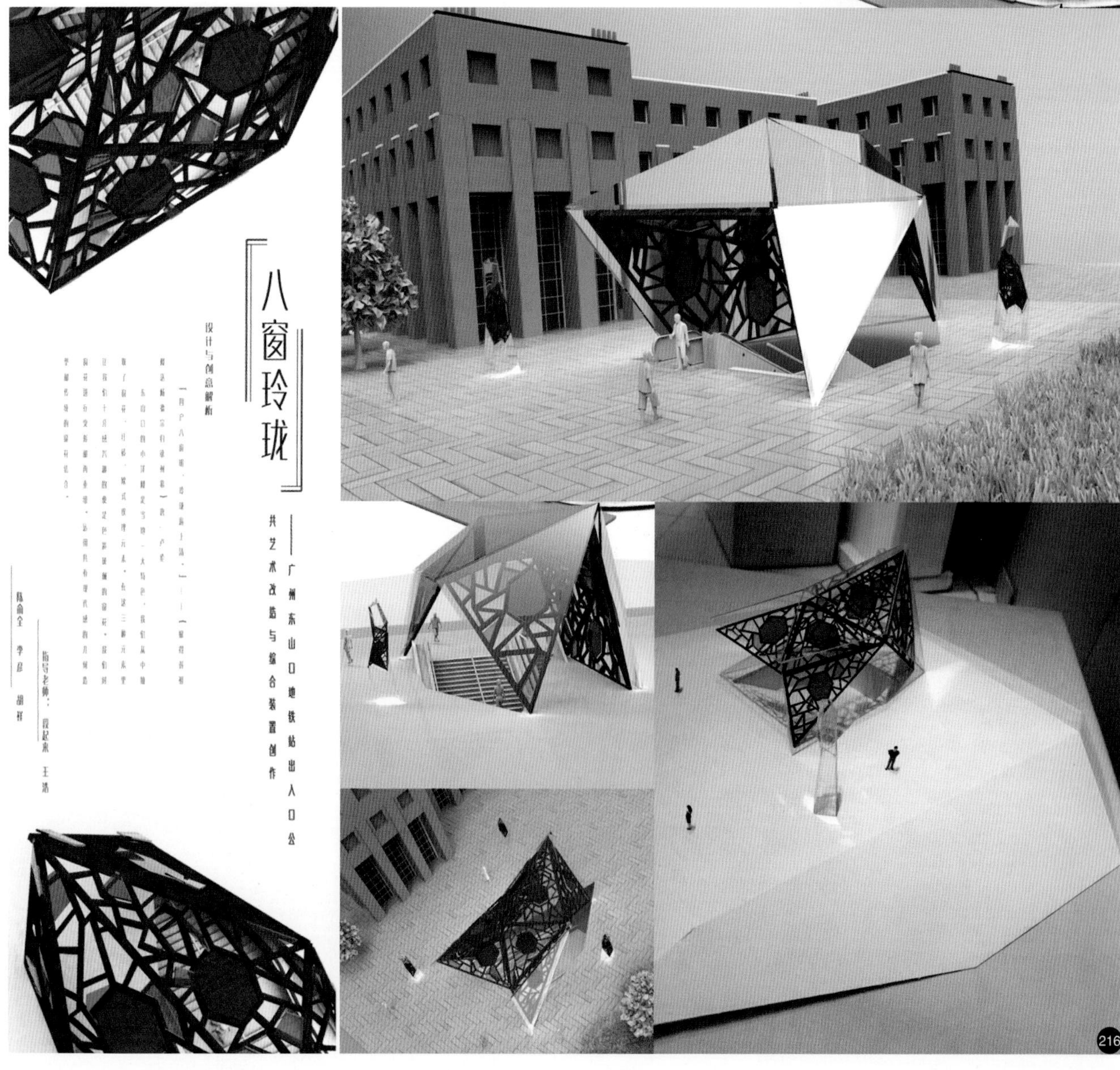

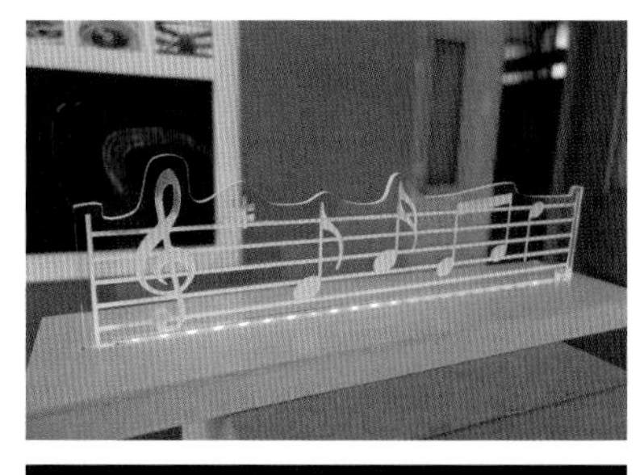

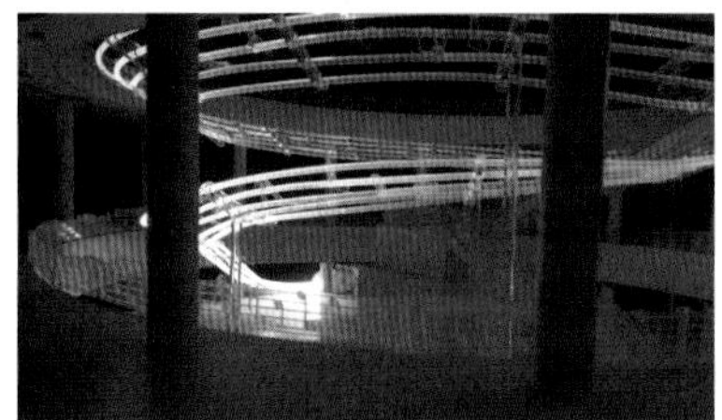

● 作品《回转的旋律》

该作品选择了被誉为“广州客厅”的花城广场 APM 大剧院站进行创作，从大剧院的文化与音乐角度出发，并融入珠江新城区域的现代与时尚之感，将珠江水脉、音乐律动进行串联，以五线谱和音符作为创作元素，在整个中空区域至上而下地设计了大型回旋景观装置。夜晚时分的灯光效果，更凸显了作品的律动感受，与现代环境共同奏响一首跌宕起伏的生活乐章（图 217）。

217 学生作品《回转的旋律——广州大剧院地铁出入口综合装置与公共艺术创作》，孙芳慧敏、冯育铭、杨涵 。

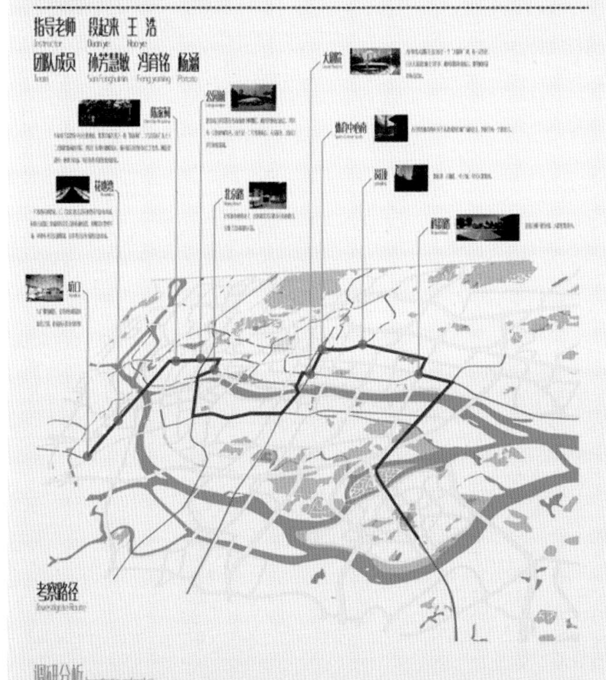

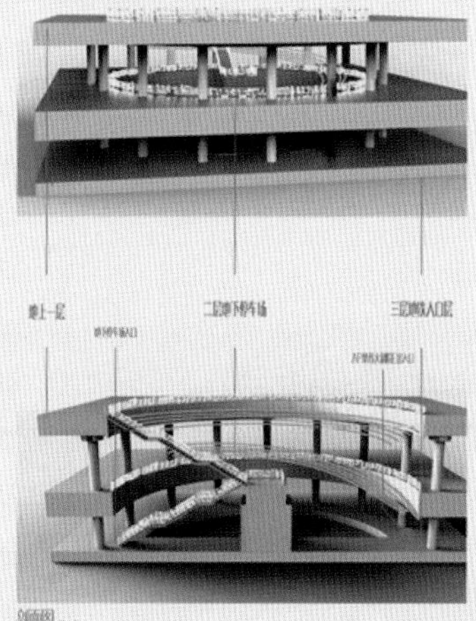

217

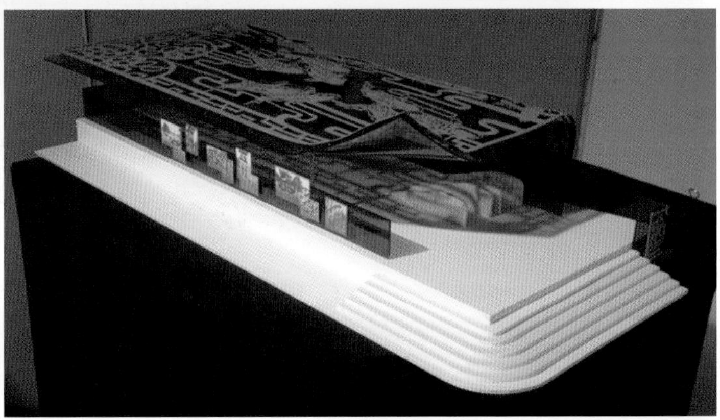

218 学生作品《岭南之窗——广州陈家祠地铁出入口综合装置与公共艺术创作》，邓莹莹、张其祥、杨城。

● 作品《岭南之窗》

该作品从历史角度出发，将岭南风俗、传统建筑风格与民间装饰工艺共同融入陈家祠地铁站出入口，进行综合装置与公共艺术创作。地铁上盖外观采用玻璃与轻质混凝土幕墙设计，并以透雕的方式将“民国老西关”、“荔湾风情”、“泮塘五秀”等岭南题材用以配置和装饰空间。此外，作品的亮点在于每组浮雕都加入了相关二维码，观众可以通过扫码，更加综合地了解关于岭南、西关、荔湾、陈家祠的人文风情，进而让陈家祠地铁站出入口成为向社会观众推广岭南文化的又一扇窗口（图 218）。

● **作品《一德记忆》**

该作品是为广州一德路地铁出入口设计的艺术改造与综合装置创作方案，学生以复苏城市记忆为主旨，结合广州一德路老城区中的骑楼、圣心大教堂等历史建筑，提取了地域化的图式、符号与元素进行组合，并运用具有现代构成意味的框架外形，将彩色窗格、旧广州街景图像、现成品信箱与岭南铺砖进行统一，搭建起具有地域特色的地铁站出入口（图 219）。

219 学生作品《一德记忆——广州一德路地铁出入口综合装置与公共艺术创作》，于强、颜玮珊、彭志荣。

4. 教学反思

《综合装置创作》课程与城市实地空间相结合的训练方式有助于培养学生的综合素养与实战能力。学生在实地调研中，学会对场地的空间特征、历史人文等属性进行分析，建立起关于创作与城市空间、社会、大众之间连带关系的思考，去探索与个人创意、受众接受与场域精神相契合的创作形式。当下，作为当代艺术与公共艺术领域中最为前沿的创作方式之一的装置艺术，其材料与新技术的综合应用使其在城市公共艺术设计中将有着更为广泛的发展天地。因此，课程中我们鼓励大家开拓发散性思维，多多进行材料试验，提倡展开技术创新与形式拓展，从而获得更加全面的综合装置创作能力。

六、城市公共空间艺术介入实验

1. 课程综述

作为公共艺术载体的城市公共空间是市民公共生活的重要舞台，但由于工业化和城市化的肆意横行，城市公共空间已经逐渐丧失了原有的语意与实际的内涵。而公共艺术则是在城市更新背景下发展起来的，以公共艺术介入城市空间和市民生活的方式，传承城市的历史与文化、塑造城市的风貌与特色、丰富市民生活的内涵与品质、构建社会的公共精神与公共价值，以艺术介入空间的方式体现其“公共性”特征的社会价值与艺术价值，是缓和社会矛盾和构建城市文化形象的重要手段之一，也是公共艺术设计的重要方式和公共艺术专业核心的教学内容。

城市公共空间艺术介入实验课程以城市特定公共空间（广场、街道等）为研究对象，通过实地调研分析、艺术介入方式探讨以及艺术创作实践，完整地完成一项公共艺术设计的训练，使学生初步掌握在特定公共空间运用进行公共艺术创作的原则、思维方法与表达方式，从而建立公共艺术创作的方法论基础。

2. 课程目标与要求

“城市公共空间艺术介入实验”课程通过对城市广场、街道、公园、社区等公共空间的地域历史、空间形态特征、人文特征与精神气质以及社会问题进行深入的调研，使学生了解城市公共空间的类型及发展脉络，深刻认知公共空间与公共艺术之间的互动关系，引导学生研究和探索艺术在当代社会语境下向城市公共空间介入的可能与方式，通过空间设计与艺术创作两个专业领域的交叉研究，鼓励学生扩大专业视角，建立多维的艺术创作路径。本课程采用虚题实做的方式进行创作实践，强调公共艺术专业的社会实践性，着重训练学生在现实条件下的创作能力。

3. 教学实践与记录

本课程从“理论研习”、“城市调研与空间分析”、“公共艺术创作”三个部分展开教学实践。“理论研习”通过理论讲授了解公共空间与公共艺术的公共性解读、西方和中国社会公共领域的发展与城市公共空间的演变、公共空间与公共艺术的互动关系以及艺术介入城市公共空间的形式与方法；“城市调研与空间分析”通过对城市广场、街道、社区、公园等城市公共空间的理性观察与记录，获得城市历史文脉，公众意识形态、审美、集体记忆，城市公共空间的形态、结构、尺度、意象等信息并形成调研分析报告，为公共艺术创作提供资源与支撑；“公共艺术创作”则根据特定城市公共空间的创作背景，将研究结论转化为创作资源并将研究行为纳入创作活动，从而达到城市公共空间艺术介入的创作目的。

城市公共空间艺术介入具有日常生活的视觉愉悦与大众审美体验、社会人文关怀与公共精神构建、城市历史记忆与文化传承、城市风貌塑造和形象展示、营造“场所”性格，激发空间活力五个主要的核心价值与意义，也是艺术介入空间的创作主要方向与目的。

● 作品《320 米》

选取了广州市东濠涌为研究对象，通过对于研究对象的历史和现时的深入调研，试图在城市大规模建设的背景下，以艺术介入的方式保护地域文化和城市的历史记忆。广州东濠涌在民国之前一直是广州东部的护城河，后由于城墙的拆除及城市的发展，东濠涌大部分河段成为暗渠，传统的岭南水乡特色也荡然无存。作品选取原广州河涌中常见的艇仔作为形态媒介，将东濠涌部分已覆盖河段（320 米）作为创作场地，引导人们去了解城市的过去，以及对无序的城市化的反思（图 220、图 221、图 222、图 223）。

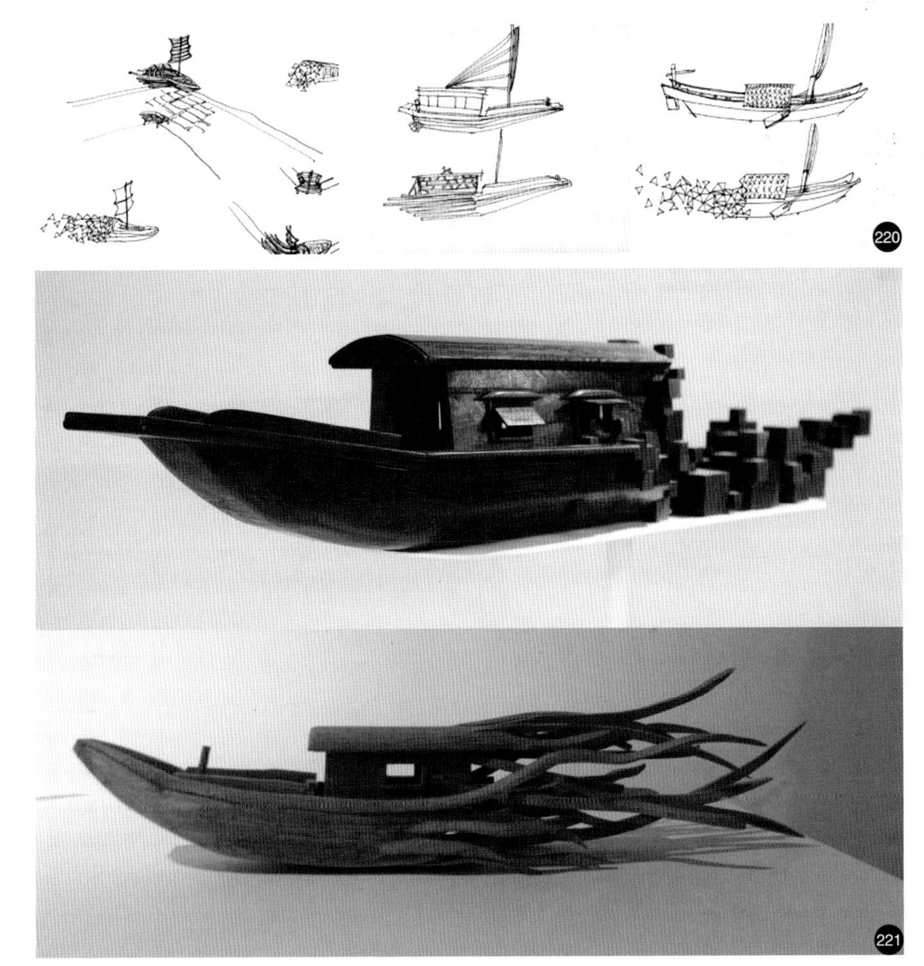

220 学生作品《320 米》方案构思草图，李建峰、吴伟文、梁伟林。

221 学生作品《320 米》方案小稿，李建峰、吴伟文、梁伟林。

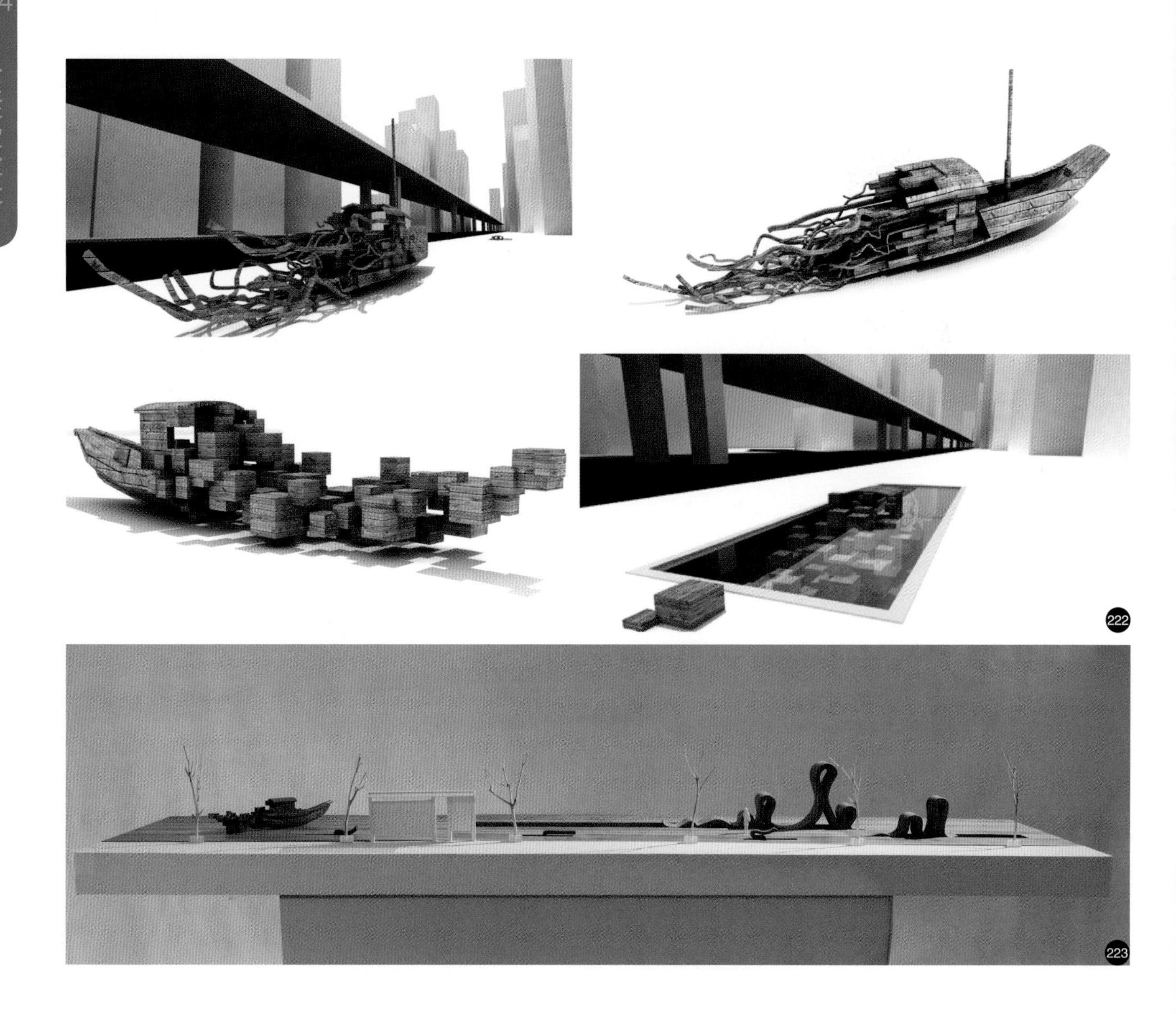

222 学生作品《320 米》方案效果图，李建峰、吴伟文、梁伟林。

223 学生作品《320 米》空间模型，李建峰、吴伟文、梁伟林。

● 作品《再见 · 海皮》

该作品是通过对广州珠江岸线历史变迁的调查研究，创作的一组公共艺术作品。“海皮”原本是过去的广州人对珠江边的称呼，因为历史上珠江两岸很宽，人们还以为珠江是海，所以就有了“海皮”的说法。但随着城市扩张，珠江江面宽度的变窄，“海皮”这一说法也慢慢被人们所忘记了。

创作通过文献调研、实地考察与访谈，选择了宋代时期珠江的岸线，运用了牌坊、船、水浪等地域文化视觉元素的造型意象沿岸线进行艺术介入，以期让现代人们能感知这条隐藏的岸线存在与城市生长线索，唤醒广州的城市记忆，使城市留存对于历史的体验与感知。作品体现了公共艺术在城市历史文化传承与记忆方面的作用与意义，也准确地体现了公共艺术的专业指向（图 224、图 225）。

224 学生作品《再见 · 海皮》座椅、景观装置和地景装饰，何健立。

225 学生作品《再见 · 海皮》主雕塑，何健立。

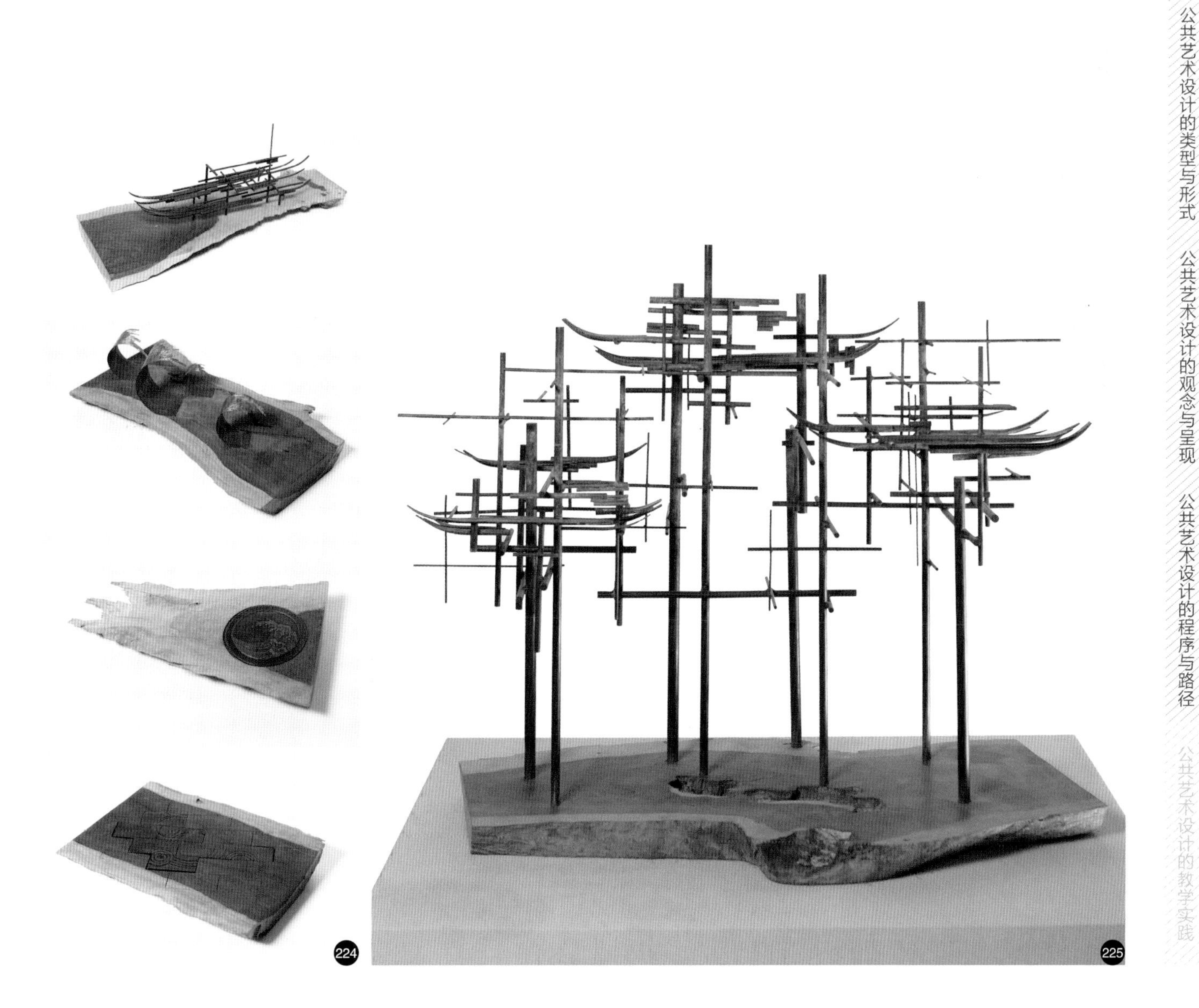

● 作品《孕育》、《我的梦，你呢》、《后花园》

该组作品是以校园公共空间为背景，以轻松、愉悦的艺术形式改变了单调、枯燥的校园空间，使学生在紧张的学习生活中享受艺术带给我们的欢乐与丰富的审美体验（图 226、图 227、图 228）。

226 学生作品《孕育》，陈冬燕。

227 学生作品《后花园》，林慧冰。

228 学生作品《我的梦，你呢》，李泳斌。

229 学生作品《广州沿江景观带人民桥段公共设施设计》方案小稿，孙芳慧敏、李彦、陈中良。

230 学生作品《广州沿江景观带人民桥段公共设施设计》方案效果图，孙芳慧敏、李彦、陈中良。

231 学生作品《广州沿江景观带人民桥段公共设施设计》空间模型，孙芳慧敏、李彦、陈中良。

● **作品《广州沿江景观带人民桥段公共设施设计》、《茧》**

这两个作品是以城市公共设施为创作出发点，强调地域特征再现及公共设施的美学价值，在满足功能性的前提下，充分发挥艺术家的创造力，使公共设施不仅具有使用功能，更加体现了审美功能（图 229、图 230、图 231、图 232、图 233）。

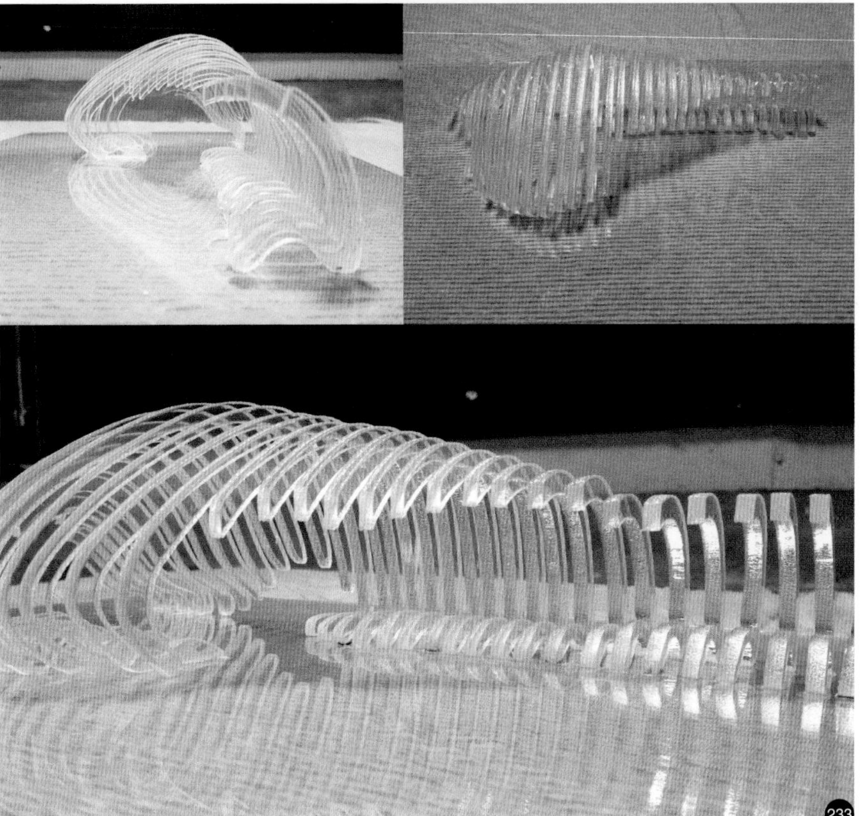

232 学生作品《茧》方案效果图，王健。

233 学生作品《茧》方案小稿，王健。

4. 教学反思

公共艺术通过对城市空间的介入与影响，以艺术的方式和途径为市民营造更多具有可感知的、可识别的、可认同的城市公共空间，促进市民大众的公共交往，并使社会个体与整体之间，在道德判断、审美体验、文化批评和社会公共意识等领域产生积极的互动效应，可以极大地提升城市空间品质，改善城市文化形象。然而，在目前城市公共艺术建设实践中，我们遗憾地发现，由于建设机制与观念的滞后、公共艺术专业人才的匮乏、艺术介入城市空间的理论与方法不足，以及公共艺术创作的精英化与艺术本体取向，使城市公共空间的艺术介入与城市、社会、公众往往是割裂和孤立的。因此，对于城市公共空间与公共艺术的交叉研究与教学，以及复合型公共艺术专业人才的培养具有积极的现实意义。

后记

2015 年，当我们准备撰写一本公共艺术教材的时候，面对的第一个困惑就是应该用“设计”还是“创作”来描述公共艺术的实践活动，“公共艺术设计”还是“公共艺术创作”？这个貌似微不足道的纠结，却关系着整本书的方法论基调。作为一种艺术创作，公共艺术与纯艺术（high art）的创作模式并不相同，有时候，甚至与纯艺术中对个性的追求颇有冲突。但如果将其看作是设计活动，它跟设计师的工作方法也不完全一致，作为艺术品的属性让它可以不考虑实用价值。从来没有一种艺术形式在创作方法上有如此的不确定性，这些不确定性源自“公共艺术”这个偏正短语的前半部分——“公共”，“公共”在这里是修辞，是判断，也是核心内涵，这形成了公共艺术的独特魅力。

最终，我们确定在本教材中使用“公共艺术设计”的概念是多方综合考虑的结果，一方面，从教学系统上来说，国家教育部已经将公共艺术设计专业设置在设计学科。另一方面，从整个公共艺术实践活动的流程来看，它的发起、实施、传播方式都与设计流程相似，本书中也大量借鉴了设计学原理和方法论作为公共艺术创作方法的补充。更为重要的是，本书权且使用“公共艺术设计”这一概念也并非是要为公共艺术的实践方法盖棺定论，确立正确性标准。事实上作为一本教材，它是我们在公共艺术教学实践中所积累的观点、认识和经验的集合，将其整理呈现，抛砖引玉，为中国公共艺术教育工作提供我们的思考和实践。

本书的前四章梳理了公共艺术专业学习所需要了解的背景、理论和观念，深入浅出，可以作为初学者或者爱好者入门的基础读物；第五章详细介绍了公共艺术设计的主要流程和路径，是方法论的讲述，为公共艺术专业学生或相关从业人员提供工作流程的参考模本；第六章整理了我们在广州美术学院雕塑系公共艺术方向的教学实践，希望能为诸位同行教师和学生提供参考和启发。

事实上，在本书的撰写过程中，我们的认识也在一遍遍地被淘洗，越来越清晰，同时也越来越能见到自己的不足。公共艺术的问题与文化问题环环相扣，所涉及的方面之多之广已经超出了传统美学的范畴，也并非一本薄薄的教材能一言以蔽之。作为我们一段时间里的思考和经验的集合，难免挂一漏万。好在，教材的撰写虽然告一段落，但实践不会停止。

最后，感谢广州美术学院吴卫光老师、蒋剑韬老师、陈克老师在本书撰写过程中给予的鼓励与支持，同时也感谢上海人民美术出版社孙铭老师和其他编辑老师的指导和帮助，使本书避免了一些疏漏与不足。

希望本书能为为公共艺术专业教育的发展而努力的各位同仁提供些许帮助，也真心盼望来自各方的批评和建议。

参考文献

（1）汪晖、陈燕谷主编. 文化与公共性[C]. 北京. 三联书店，1998
（2）李佃来著. 公共领域与生活世界——哈贝马斯市民社会理论研究[M]. 北京.人民出版社，2006
（3）哈贝马斯著. 曹卫东译. 公共领域的结构转型[M]. 北京. 学林出版社，1999
（4）于雷著. 空间公共性研究[M]. 南京. 东南大学出版社，2005
（5）王中著. 公共艺术概论[M]. 北京. 北京大学出版社，2014
（6）孙振华著. 公共艺术时代[M]. 南京. 江苏美术出版社，2003
（7）翁剑青著. 城市公共艺术：一种与公众社会互动的艺术及其文化的阐释[M]. 南京. 东南大学出版社，2004
（8）马钦忠著. 公共艺术的价值特征[J]. 美术观察，2004
（9）汪大伟著. 公共艺术设计学科——21世纪的新兴学科[J]. 装饰，1999
（10）马钦忠著. 公共艺术基本理论[M]. 天津. 天津大学出版社，2008
（11）阿尔伯特 · 拉特利奇著. 王求是、高峰译. 大众行为与公园设计[M]. 北京.中国建筑工业出版社，1990
（12）程大锦著. 刘丛红译. 建筑：形式、空间与秩序[M]. 天津大学出版社，2008
（13）杨 · 盖尔著. 何可人译. 交往与空间[M]. 北京. 中国建筑工业出版社，2002
（14）卢原信义著. 尹培桐译. 外部空间设计[M]. 北京. 中国建筑工业出版社，1985
（15）凯文 · 林奇著. 方益萍、何晓军译. 城市意象[M]. 北京. 华夏出版社，2001
（16）刘易斯 · 芒福德著. 宋俊岭、倪文彦译. 城市发展史——起源、演变和前景[M]. 北京. 中国建筑工业出版社，2005
（17）芦原义信著. 尹培桐译. 街道的美学[M]. 天津. 百花文艺出版社，2006
（18）迈克 · 费瑟斯通著. 杨渝东译. 消解文化——全球化、后现代主义与认同[M]. 北京.北京大学出版社，2009
（19）迈克 · 费瑟斯通著. 刘精明译. 消费文化与后现代主义[M]. 北京. 译林出版社，2000
（20）H.H.阿纳森著. 巴竹师、邹德侬、刘珽译. 西方现代艺术史[M]. 天津. 天津人民美术出版社，1994
（21）诺伯格 · 舒尔茨著. 王淳隆译. 实存 · 空间 · 建筑[M].台北.台隆书店，1980

（22）诺伯舒兹著. 施植明译. 场所精神——迈向建筑现象学[M]. 武汉. 华中科技大学出版社，2010
（23）尤卡·格罗瑙著. 向建华译. 趣味社会学[M]. 南京. 南京大学出版社，2002
（24）周宪著. 中国当代审美文化研究[M]. 北京. 北京大学出版社，1997
（25）赫尔曼·鲍辛格著. 吴秀杰译. 日常生活的启蒙者[M]. 桂林. 广西师范大学出版社，2014
（26）李建盛著. 公共艺术与城市文化[M]. 北京. 北京大学出版社, 2012
（27）苏珊·雷西著. 吴玛莉译. 量绘形貌——新类型公共艺术[M]. 台北. 远流出版社, 2004
（28）邱志杰著. 总体艺术论[M]. 上海. 上海文艺出版集团发行有限公司，2012
（29）王一川编. 大众文化导论[C]. 北京. 高等教育出版社, 2008
（30）约翰·费斯克著. 王晓珏、宋伟杰译. 理解大众文化[M]. 北京. 中央编译出版社, 2006
（31）罗伯特·休斯著. 刘萍君等译. 新艺术的震撼[M]. 上海. 上海人民美术出版社, 1989
（32）植村邦彦著. 赵平译. 何谓“市民”社会：基本概念的变迁史[M]. 南京.南京大学出版社，2014
（33）杨仁忠著. 公共领域论[M]. 北京. 人民出版社， 2009
（34）哈贝马斯著. 曹卫东、王晓珏、刘北城译. 公共领域的结构转型[M]. 上海. 学林出版社，1999
（35）李佃来、陶德麟、汪信砚著. 公共领域与生活世界：哈贝马斯市民社会理论研究[M]. 北京. 人民出版社，2006
（36）爱德华·路希·史密斯著. 彭萍译. 20世纪的视觉艺术[M]. 北京. 中国人民大学出版社，2007
（37）罗伯森、迈克丹尼尔著. 匡骁译. 当代艺术的主题：1980年以后的视觉艺术[M]. 南京. 江苏美术出版社， 2013
（38）拉塞尔著. 常宁生等译. 现代艺术的意义[M]. 北京.中国人民大学出版社，2003
（39）伊夫·米肖著. 王名南译. 当代艺术的危机：乌托邦的终结[M]. 北京. 北京大学出版社， 2013
（40）王瑞芸著. 西方当代艺术审美性十六讲[M]. 北京. 人民美术出版社， 2013
（41）鲁虹著. 中国当代艺术30年（1978-2008）[M]. 长沙. 湖南美术出版社，2013

（42）约翰·斯道雷著. 常江译. 文化理论与大众文化导论[M]. 北京.北京大学出版社， 2010
（43）陆扬著. 大众文化理论[M]. 上海. 复旦大学出版社，2008
（44）约翰·维维安著. 王亦高、刘滢、朱莉莉等译. 大众传播媒介[M].北京，北京大学出版社，2010
（45）李岩著.传播与文化[M].杭州.浙江大学出版社，2009
（46）丹尼斯·麦奎尔著. 刘燕南、李颖、杨振荣译. 受众分析[M]. 北京. 人民大学出版社，2006
（47）温洋著. 公共雕塑[M]. 北京. 机械工业出版社，2006
（48）李维立著. 英国公共设施的形与色[M]. 天津. 百花文艺出版社，2008

“公共艺术设计”课程教学安排建议

课程名称：公共艺术设计

总学时：120 学时

适用专业：公共艺术设计或环境设计

一、课程性质、目的和培养目标

本课程可作为公共艺术设计专业的系列课程，也可作为环境设计专业或雕塑专业的专业基础课程。课程教学通过公共艺术的理论与观念、类型与形式、设计程序与路径的讲授与设计实践，强调建立公共艺术概念和相关理论的整体认知逻辑与框架，以及掌握公共艺术设计与创作的程序与路径，并进而建立公共艺术设计与创作的方法论基础，为学生以后的专业学习与专业发展提供坚实的理论依托与能力支撑。

二、课程内容和建议学时分配

教学单元 1：公共艺术设计的理论构建（12 课时）

1. 公共艺术概念辨析
2. 公共艺术的理论基础
3. 公共艺术设计的类型与形式

教学单元 2：公共艺术设计的观念与呈现（12 课时）

1. 公共观念
2. 场所精神
3. 大众审美
4. 城市文化

教学单元 3：公共艺术设计与创作实践（96 课时）

1. 场所调研与分析
2. 文化研究
3. 公共艺术设计策划
4. 设计构思与表达
5. 材料语言
6. 设计展示与呈现

三、课程作业

1. 优秀公共艺术个案分析或自命题论文 1 篇，2000 字以上。
2. 针对公共艺术设计实践的《场所调研分析报告》1 篇。
3. 综合材料（媒介）的技术、造型和艺术语言实验与过程记录。
4. 公共艺术设计小稿与模型。
5. 公共艺术设计文本与图纸。

四、评价与考核标准

1. 理论能力（20%）
2. 调查与分析（20%）
3. 观念与呈现（20%）
4. 艺术综合表现（40%）